Ficha Técnica

Título: *Viagens no Sistema Planetário*
Autor: Patrocínio da Costa
Fixação do texto, Introdução e notas: José Barbosa Machado
© Copyright para esta edição: Edições Vercial, 2020
Braga, Edições Vercial

ISBN: 9781659212051

Patrocíno da Costa

Viagens no Sistema Planetário

POEMA SATÍRICO

EM

DOZE CANTOS

1875

Fixação do texto,
introdução e notas de

José Barbosa Machado

Edições Vercial

INTRODUÇÃO

Patrocínio da Costa, de seu nome completo João Inácio Patrocínio da Costa e Silva Ferreira, nasceu em Braga a 9 de novembro de 1837 e faleceu em Lisboa a 31 de outubro de 1901. Frequentou o Liceu Nacional de Sá de Miranda, prosseguindo estudos na Universidade de Coimbra, onde se bacharelou em Filosofia em 1867 e se doutorou em Ciências Matemáticas em 1870. Foi professor de Matemática Elementar e Língua Grega no Liceu Nacional de Viseu de 1870 a 1877, tendo no ano seguinte conseguido colocação na Escola Politécnica de Lisboa como lente substituto de Matemática. Terminou a sua carreira profissional como lente adjunto do Instituto Industrial e Comercial, em Lisboa.

Publicou, entre outras, as seguintes obras académicas: *Dissertação inaugural para o acto de conclusões magnas na Faculdade de Matemática* (Coimbra, Imprensa da Universidade, 1869); *Determinação de funções analíticas: estudos sobre análise infinitesimal* (Coimbra, Imprensa da Universidade, 1873); e *Linhas Geodésicas* (Coimbra, Imprensa da Universidade, 1877).

Para além da matemática, Patrocínio da Costa tinha grande interesse pela literatura, sendo um grande conhecedor dos clássicos, sobretudo gregos, latinos e italianos. O interesse pela literatura levou-o a dedicar-se à escrita, tendo publicado alguns livros de poesia e de teatro. *Flores de Espinhos* (1871), onde o autor reúne poesias e vários opúsculos literários, foi a sua primeira obra, publicada em dois volumes na Tip. Lealdade, de Braga.

Em 1875 publicou na Imprensa Literária, de Coimbra, a obra *Viagens no Systema Planetario*, que dedicou *a Teófilo Braga*. No ano seguinte, sai a segunda edição, sem a dedicatória. A obra é composta por doze cantos, cada um com um título diferente, em versos decassílabos (heroicos, como refere o autor), a grande maioria brancos, e alguns em redondilha maior com rima. Numa relação direta com a *Divina Comédia*, assim como Virgílio guia Dante através do Inferno e do Purgatório, Dante guia o autor pelo sistema planetário (Lua, Mercúrio, Vénus, Marte, Júpiter, Letes, Vesta, Saturno, Urano e Neptuno). Olímpia, a dada altura do périplo, substitui Dante, numa clara relação com Beatriz, a amada de Dante que o guiou pelo Paraíso.

As referências à obra de Dante e aos poemas de Homero são constantes ao longo da obra. Há também referências a outras obras e autores, que Patrocínio da Costa resume e parodia, como o *Decamerone* de Boccaccio, *Heloísa e Abelardo*, *Orlando Furioso* de Ariosto, *Jerusalém Libertada* de Torquato Tasso, o romance de Alexandre Dumas *Sylvandira*, *Os Mistérios de Paris* e *O Judeu Errante* de Eugénio Sue, *O Ancião dos Cemitérios* de Walter Scott, ou as peças *Macbeth*, *O Mercador de Veneza* e *Otelo* de Shakespeare.

Em tom satírico, o poeta aproveita, ao longo do seu périplo imaginário pelo sistema solar, para criticar e ridicularizar determinadas personagens da época, muitas delas suas conhecidas em Viseu e sobretudo em Coimbra: padres, bispos, papas, políticos, professores, filósofos, homens de ciência de quem discorda, criminosos, adúlteras, etc.

Patrocínio segue num veículo voador conduzido por Dante e depois por Olímpia. Chama-lhe *carro aéreo*, e tinha, para ser manipulado, um registo e um leme: «Este p'ra a direção, o outro servia / P'ra reger da viagem o andamento, / Parando, acelerando ou retardando / Do carro os movimentos». O segundo carro conduzido por Dante, que aparece no canto oitavo aquando do reencontro de Patrocínio com o autor da *Divina Comédia* em Júpiter, era semelhante a um barco, tinha quilha, mas não remos nem velas. Sob a quilha, havia uma «hélice engenhosa, / A qual relação tinha co' um teclado / Colocado a bombordo ao pé da popa.» O poeta confessa que não percebeu qual era o maquinismo, nem isso lhe deu grande cuidado, «Por já 'star costumado às maravilhas / Das viações no espaço planetário.» Dante era «Um piloto instruído, sem cronómetro / Precisar ter e náutico almanaque, / Nem uso ser preciso que fizesse / Do oitante p'ra tomar do Sol a altura.»

Na Lua, Patrocínio, guiado por Dante, encontra as almas dos malucos (= lunáticos), de que havia duas espécies: os *simples tolos* e os *totós e maus*. No canto primeiro, é referido o Antoninho das Almas, um louco de Coimbra que pregava às turbas.

Mercúrio é o inferno dos ladrões, usurários e preguistas (Mercúrio era o deus latino dos negociantes e dos ladrões). São referidos, entre outros, Filipe o Belo, rei de França, e o papa Clemente V, que roubaram os templários; assim como Joaquim António d'Aguiar (o *Mata-Frades*), que esbulhou os conventos em 1834.

O planeta Véus é o paraíso, onde se encontram pintores, músicos, poetas, damas formosas e jovens ilustres que foram vítimas de amor infeliz. É «a mansão de almas ditosas». Os que nele habitam organizam, «Para passar o tempo, festas, bailes, / Danças, concertos e saraus poéticos.» O autor aí encontra Camões, Ovídio e Tasso a jogar a manilha; Miguel Ângelo e Leonardo da Vinci o gamão; José Maurício e Donizetti a bisca dos nove.

Olímpia substitui Dante e guia o poeta até Marte, «a morada dos perversos», o destino das almas dos réprobos, rixosos, bulhentos e sanguinários. Fala-se de alguns dos residentes: Lady Macbeth, Lucrécia Bórgia, o papa Alexandre VI, «adúltero, assassino incestuoso, bulhento»; o papa Bonifácio VIII, velhaco e traiçoeiro; e o Infante D. Miguel.

De seguida, Olímpia guia o autor para Letes, um planeta que se situava na «órbita de Marte e a outra mais larga / que Júpiter percorre», que se desintegrou e de que restavam apenas estilhaços. Vesta, um desses estilhaços, é a próxima paragem. Aí se encontram de castigo, como numa colónia penal, as almas das mulheres perversas e infiéis. A propósito, resume-se uma novela do *Decamerone* que conta a história de Beatriz, esposa de Egano de Galuzzi, um fidalgo de Bolonha. Beatriz engana o marido com Aniquino, um seu criado.

Saturno é o planeta «Onde a soberba e a inveja é castigada». Aí é dada pena «Aos soberbos e infames intrigantes». Nele se encontra o padre Rodin, jesuíta, através do qual o autor aproveita para fazer uma crítica mordaz à Companhia de Jesus, que considera «Um estado no estado», apelidando os seus membros de «teocratas filhos de Loyolla». O padre jesuíta narra a Patrocínio todas as patifarias que ele e os seus irmãos foram cometendo. São referidos ainda Ricardo de Inglaterra, que matou os sobrinhos para reinar; Yago, «O vil oficial do negro Otelo»; e o padre Zé Monteiro, lente de Coimbra que, por insídias, conseguiu fazer expulsar da universidade o seu colega José Anastácio da Cunha.

O planeta Urano é o Reino da Asneira». Aí se encontra a gente que equilibrara os vícios e a virtude. Este reino é uma clara referência a Portugal. O poeta aproveita para criticar o sistema político do país e as manigâncias dos governantes. Refere também as tricas entre professores da academia coimbrã.

Em Neptuno (planeta com o nome do deus romano do mar), o poeta encontra alguns dos grandes navegadores, exploradores e conquistadores: Alcibíades, Fernão de Magalhães, Cristóvão Colombo, Cortez, Nelson, Villaneuve, Gravina, Colingwood, Magon e Tyler.

A propósito da astronomia e daqueles que contribuíram para o estudo dos planetas que visita, o poeta vai citando ao longo da obra, quer no texto, quer em notas, Kepler, Copérnico, Newton, Tycho Brahe, Galileu, William Herschel, David Lambert, Navier, Poinsot, Le Verrier, Pontecoulant, Mayer, Bouvard, Lemonnier, Flamstead e Galle.

Nesta edição, baseada na segunda (1876), atualizámos a grafia de acordo com o uso atual, tendo corrigido alguns evidentes erros de tipografia (*Be awre* > *Be aware*; *Coma* > *Como*; *indas* > *inda*; *Pala* > *Pela*; *Pedemos* > *Podemos*; *ravelara* > *revelara*; *seu* > *ser*; etc.). Mantivemos, no entanto, a grafia de palavras com variação fonética (Ex. *ceremónia* por *cerimónia*; *engenheria* por *engenharia*; *grilhados* por *grelhados*; *inchuto* por *enchuto*; *pandiga* por *pândega*; *quejo* por *queijo*; *selvageria* por *selvajaria*; *similhantes* por *semelhantes*; *sube* por *soube*; etc.). Atualizámos os estrangeirismos para o uso atual (Ex. *almanach* para *almanaque*), mantendo, no entanto, alguns por questões fonéticas e métricas (Ex. *wagon, sandwichs, mac-adam*, etc.).

Bibliografia consultada

AAVV, [19--] – "Patrocínio da Costa (João Inácio do)", em *Grande Enciclopédia Portuguesa e Brasileira*. Vol. XX. Lisboa-Rio de Janeiro: Editorial Enciclopédia, p. 636.

Gomes, Joaquim da Silva (2004), "João Inácio do Patrocínio da Costa e Silva Ferreira – o matemático excêntrico", em *Antologia de Bracarenses Ilustres*. Braga: Ed. de Autor, pp. 117-119.

Manuppella, Giacinto (1966), *Dantesca Luso-Brasileira: Subsídios para uma Bibliografia da Obra e do Pensamento de Dante Alighieri*. Coimbra: Imprensa da Universidade, pp. 115-119.

Homens, homens de bem, não tenhais susto,
Que eu vil quadrilha... zurro,
E Impostores, hipócritas e Áulicos,
Que as letras, a razão e a Pátria avultam.

Macedo, *Os Burros*, Canto 1.º

ADVERTÊNCIA PRELIMINAR

Nobres e amáveis, virtuosas damas,
O autor destas viagens vos suplica
Lhe perdoeis frisantes epigramas
Vibrados à venal ou impudica
Que em seus infames, criminosos tramas,
À ambição, avareza, sacrifica
De um crédulo mancebo a dignidade
P'ra alimentar seus luxos e vaidade.

Mas vós, damas honestas, generosas,
De uma alma bem formada e dirigida,
Mer'ceis as homenagens mais honrosas,
O encanto e adorno sois da humana vida.
Só vós sois ternas mães, dignas esposas,
Nobre estima e atenção vos é devida;
Sempre, ó belas, vos tenho respeitado,
Nem por mim tal dever será quebrado.

Da sátira que é feita ao sexo forte
Perdões, desculpas que pedir não tenho;
Nos vícios dar não posso fundo corte,
Mas viciosos, malvados expor venho
Do público à irrisão de toda a sorte.
Desses cães co'a matilha bem me avenho;
Trago sempre um poder executivo
Que poderá fazer serviço ativo.

ARGUMENTO

1.º CANTO

À fonte do Cidral indo em passeio
O autor, apareceu-lhe o poeta Dante;
Este o convida a viagens de recreio
E de instrução também; no mesmo instante
Foi a proposta aceite. O etéreo meio
Percorrendo admirado o viajante,
Pousa na Lua, e mostra o florentino
De alguns doidos o fim triste e mofino.

2.º CANTO

Conta Dante de alguns ladrões famosos
Aos seus delitos punição devida,
Vão depois os poetas pressurosos
Temporada passar bem divertida
Em Vénus. De Guismonda os lutuosos
Amores se figuram, e em seguida
Em casa de notável, nobre dama
Encontra o autor pessoas de honra e fama.

3.º CANTO

Raio do Mundo, o pérfido malaio
Em ridícula cena se figura;
Declara o próprio bêbado frei Raio
Ser borracha e devassa criatura.
Olímpia, que em Coimbra amara o Gaio,
Instrutora vai ser, guia segura
Do doutor: são de Lísia os deputados
De preguiça e outros vícios acusados.

4.º CANTO

Mostram-se os sanguinários habitantes
Que no planeta Marte são punidos;
Do papa Bonifácio e outros tratantes
São os enormes crimes referidos;
Numerosos carlistas birbantes,
Miguelistas, malvados desabridos,
Estão também neste orbe de tormento
A ser de feras bravas alimento.

5.º CANTO

Narra Olímpia ao doutor, por quais viventes
Sendo o planeta Letes habitado.
P'ra punição de tão infames gentes
Foi depois em pedaços fraturado,
Chegam a Vesta e veem às impudentes
Marafonas castigo destinado;
Conta o negro feitor da bolonhesa
Beatriz luxúria e vil 'sperteza.

6.º CANTO

De Menelau e Páris se descreve
O duelo famoso e decantado,
E de algumas *vestais* que o mundo teve
O castigo se mostra apropriado;
A história de tais damas, longa ou breve,
É feita pelo guarda encarregado
Da punição daquelas criaturas,
Amantes infiéis, 'sposas perjuras.

7.º CANTO

Diz o autor o motivo o levara
A escrever digressão tão admirável;
A do bom Galileu vida preclara
Para conversa é assunto aproveitável.
Numa lua de Jove, amena e clara,
Pousando os dois, em companhia amável
De Dante e alguns doutores são narradas
Do Coelho e Falcão as tratantadas.

8.º CANTO

Em Portugal do secundário ensino
Mostra-se a progressiva decadência;
Para explicar o cálculo mais fino
Faz-se ver de Raimundo a incompetência;
Conta partidas o doutor Rufino
De Zé Pedro, o ratão por excelência;
Num 'scafarmónio os bons amigos nove
Linda viagem fazem até Jove.

9.º CANTO

Dom Morgado defende absolutismos,
E Barrete a feição republicana,
Boas razões em pró dos monárquicos
Consti'cionais alega um ratazana;
Faz-se honrosa menção dos heroísmos
De uma famosa e varonil serrana,
E do *Raio Vetor* a brutalidade
E lembrada também à posteridade.

10.º CANTO

O Rodin[1] jesuíta à fala chega,
Confessa da ordem sua a iniquidade;
Zé Monteiro da Rocha a um seu colega
Expulsar conseguiu da faculdade;
A causa o *honesto* Yago diz e alega
De usar a aleivosia e falsidade;
Narra-se de Goulão a fúria insana,
Contra o bedel puxando da catana.

11.º CANTO

Com sólidas razões justificando
Da meiga Olímpia a sábia companhia,
Diz o autor como fora viajando
Té ao Reino da Asneira, e como via
Andar no comum senso couces dando
A gente que em tal reino residia;
Conta Sarmento a infame ingratidão
Dos doutores Coelhos e Zé Falcão.

12.º CANTO

Em Neptuno o doutor chega à cidade
Que é chamada *dos grandes almirantes*;
Lá viu um maganão da antiguidade
E mais outros distintos navegantes;
Do navio pimpão a heroicidade
É celebrada em rimas consoantes;
Vê de uns biltres pintadas as imagens,
E no Cidral termina estas viagens.

---

[1] M. Rodin, padre jesuíta, personagem da obra *O Judeu Errante* de Eugène Sue.

CANTO PRIMEIRO

INTRODUÇÃO: VIAGEM À LUA

I

Era noite de março amena e linda,
E a lua os claros raios espalhava,
Prateando de Coimbra alegres sítios.
Dos filhos de Minerva aos seus estudos
Eram muitos entregues; meus discípulos
Iam p'ra suas casas, preparados
Co'a lição que eu lhes dera, e que devia
O *honrado* doutor Coelho previamente
Haver-lhes explicado. Abuso antigo,
Introduzido em certa faculdade,
Dos lecionistas a moderna indústria
Em Coimbra fez nascer. Ia eu dizendo
Que para as casas suas regressavam
Meus amigos discípulos co'os cálculos
Escritos da lição; e eu fatigado
De tanta *função xis*, p'ra distrair-me,
Ao passeio quis ir, mesmo sozinho.
Do jardim à alameda me dirijo,
E chegando ao penedo da saudade,
Sentei-me e a reflexões várias me entrego.

II

Aqui (disse comigo) algumas vezes
Se reuniu do *raio* a sinagoga,
De um prelado tirano urdindo a queda (2);

Mas hoje os principais chefes daquela
Secreta associação são mais tiranos,
Mais injustos, soberbos e impostores
Que o reitor contra quem se conspiravam.
Não são novas tais fases; na política
Mais alta as mesmas coisas se praticam.
Os hábeis publicistas que na luta
Se distinguiram contra o cabralismo,
Do Conde de Tomar opressões duras
E cruéis despotismos combatendo,
Hoje, feitos poder, seu ministério
Só com trampolinices, tiranias
E sofismas da lei têm prolongado.
Eleições, eleições, que grande burla! (3)
Amor é liberdade, que impostura!

III

Para não 'star parado, avante sigo
Passeando onde é largo e bem composto
O caminho e de assentos guarnecido.
Um me trouxe à memória algumas tardes
Da vida de estudante; a companhia
Da linda Maria Amália por acaso
Uma delas ornou, quando no dia
Em que fiz de botânica o meu ato
Com dois ou três amigos lá me achava.
Agradecida e meiga a rapariga
O contraste e epigrama era de muitas
Senhoras, ditas nobres e ilustradas,
Enquanto umas, ladinas, 'spertalhonas,
Nesta roda chamada sociedade
Respeitadas por todos, muitas vezes

Dignas filhas de Angot[1] se manifestam,
Amizade leal, sincera estima,
Eu e mais três amigos encontráramos
Sempre naquela boa companheira.
Amores, galanteios... lindo assunto
Para fazer comédias e romances!
E a sociedade injusta em grande estima
E por honradas tem finórias damas
Que sabem afetar paixão, carinho
Por mancebo que é rico (e pagar pode,
Desposando-as, carícias mentirosas),
Ao passo que ao desprezo vota muitas
Infelizes que o mundo rebaixara,
Mas que por vezes sabem elevar-se,
Em brios e amizade, onde senhoras
Havidas por honradas nunca chegam!

IV

No *High Life*, ou grande mundo, ou como queiram,
Intrujões e intrujonas tais se encontram
Que um Faustino Novais[2], um Tolentino[3],
A verberar com sátiras picantes,
Mas mer'cidas, fiéis, aqueles biltres,
Mal podiam bastar para obra tanta.
Se Juvenal vivesse, ou se o proscrito
Poeta de Florença os conhecera,
Novo poema do inferno em muitos cantos

---

[1] Madame Angot, personagem da ópera *La Fille de Madame Angot* (1872), do compositor francês Alexandre Charles Lecocq.

[2] Faustino Xavier de Novais (1820-1869), jornalista e poeta, nascido no Porto e que se radicou no Rio de Janeiro.

[3] Nicolau Tolentino (1740-1811), poeta português que pertenceu à Noca Arcádia, tendo ficado célebre pelas suas sátiras.

Teria de apar'cer. Mas quem há de hoje
Acreditar que pode um viajante,
Guiado por uma alma do outro mundo,
Ir percorrer do inferno os vários círculos?

V

Tais coisas meditando p'ra mais vasta
Divagação noturna me sentia
Fortemente animado; e a meiga lua
De noites mais felizes as lembranças
Me par'cia avivar. Tomo outro rumo
E do Cidral à fonte vou sentar-me
Onde, terceiranista e quartanista,
Tantas vezes já fora; o ameno sítio
Ao sossego e repouso convidava.

*

Um pouco a descansar sentado fico,
Meditabundo sempre... Eis se não quando
Na mão trazendo um álbum de retratos
Vejo ante mim um vulto venerando.

VULTO

Que fazes aí sozinho?

O AUTOR

Porque o perguntas? Quem és?

VULTO

Fui homem, por ti me int'resso,
E vejo o que tu não vês.

O AUTOR

Eu o que vejo é toldada
A noite que era tão linda;
Ouço trovões, de ir p'ra casa
Diz', ó vulto, é tempo ainda?

VULTO

Se te queres da tormenta
Por algum tempo abrigar,
P'ra chamar-te onde eu habito
Aqui te vim convidar.
Aceitas?

O AUTOR

    'Stá dito; vamos.

VULTO

À minha capa te aferra,
Nem te assuste o irmos voando
P'ra muito longe da terra.

VI

Assim disse o meu guia e eu prontamente
A capa lhe tomei; logo voámos
Ambos juntos mais rápidos que a frecha

Que o arco sacudira, ou do que a bala
Pelo ignívomo bronze projetada.
Se és Asmodeu, lhe digo, não me leves
Como outro Dom Cléofas; ir não quero
No terraço pousar do observatório
Que, tendo quase um século, um planeta,
Um sozinho p'ra amostra, ainda não dera
À ciência astronómica! (4) Os seus sábios
Tão úteis ao país, à humanidade,
Mostrar-se têm sabido! Não precisas,
Tão pouco, destelhar de Coimbra as casas;
Das misérias da terra sei bastantes. –
Sossega, me tornava, que mais longe,
Muito longe daqui vou conduzir-te.
O Sol já vês? Da Terra estamos fora,
E na Lua pousar vamos primeiro. –
Disse; e em breve chegámos ao satélite
Que à terra anda ligado firmemente
Por da gravitação leis imutáveis.
Perguntou-me ele então: não me conheces?
E eu: por essa cor morena, e ainda
Pela c'roa de louros que circunda
Tua fronte imortal, por esse adunco
Aquilino nariz, que és Aliguieri[1],
O vate florentino, me parece.
– Acertaste, doutor, me torna o poeta;
Mas informar-te vou por que motivo
Na fonte do Cidral fui procurar-te.

VII

Quando a minha penosa e triste vida
Ao seu termo chegou, deixando o corpo

---

[1] Dante Alighieri (1265-1321) foi um poeta italiano, autor da *Divina Comédia*.

Nas terras de Ravena, correu prestes
Meu 'spírito apressado a apresentar-se
Ante Aquele que os mundos rege e cria.
Em atenção a tantos sofrimentos,
Um exílio cruel, reveses vários,
Por expiados foram logo havidos
Todos os meus pecados, e de Júpiter
Sobre o vasto esferoide a residência
Designada me foi, permissão tendo
De poder viajar nos outros orbes.
Já a maior parte tenho visitado
Dos restantes planetas, mas com tudo
No orbe de Jove passo o mais do tempo
Do *ano jovial*, e só no estio
Faço uma digressão até Neptuno,
Como vós habitantes lá de baixo
Ides às praias de Figueira ou 'Spinho.
– E Júpiter que tal? É boa terra? –
Muito boa, doutor; há lá de tudo
Em abundância e bom. Temos teatros
Melhores que São Carlos ou Trindade,
Jardins como os de Armida, ou fada Alcina,
Quais meus colegas Tasso e Ariosto
Tão belamente imaginar souberam.
É na arte culinária tão perfeita
A minha cozinheira como a Emília
Do hotel Viriato (5); as fontes deitam
Vinhos melhores que Madeira ou Porto,
Há chafarizes de café, licores...
– E Beatriz 'stá contigo? – Isso era asneira;
Temos coisa melhor, meu caro amigo.
É lá desconhecido o platonismo,
E muitas circassianas compartilham
Nosso amor e venturas; é pequena

A superfície do planeta Vénus
Para contê-las todas. Mas passa-me
Por alto o revelar-te qual motivo
Me levara a chamar-te a esta viagem.

VIII

De Ninon de Lenclos[1] na festa de anos
Eu 'stava com Shakespear' conversando
Sobre a escola romântica, e apressado
Vejo chegar doutor Tomás d'Aquino (6).
Amigo Dante, diz-me o matemático,
Porque gostas do ensino e és grande mestre
– Fala, lhe digo. – O nosso Patrocínio
Teve uma discussão co'o Zeferino (7)
Sobre a 'stabilidade planetária,
E com o Bettencourt, doutor teólogo,
Também tivera uma outra, defendendo,
Com maior extensão e ornatos muitos,
De Figuier[2] teorias romanescas.
Bem que a revelação não seja usada
Em ciências naturais, façamos hoje
Por ele exceção; vai convidá-lo
A seguir-te e explica-lhe essas coisas
Que os sucessores meus por certo ignoram,
Ou pelo menos ensinar não querem.
Eu mesmo iria àquele meu colega
Convidar a tão útil conferência,
Mas da Cunha o Anastácio (8) não me deixa;

---

[1] Anne "Ninon" de l'Enclos (1620-1705), escritora francesa, conhecida por patrocinar as Artes no salão literário que manteve no Hotel de Sagonne em Paris.

[2] Louis Figuier (1819-1894), cientista e escritor francês, autor, entre outras, das obras *Histoire des Principales Découvertes Scientifiques Modernes* (1851-1857), *La Terre avant le Deluge* (1862) e *L'Homme Primitif* (1870).

P'ra o jogo à carambola quer parceiro
Que seja de igual força. – Eu disse logo:
Do doutor Patrocínio é que se trata?
Co' esse me entendo bem, que certamente
Não deixará perder o benefício,
Num poema didático explicando
As doutrinas sublimes que hão de ao cálculo
Ficar sempre rebeldes, refratárias.
Fui pois buscar-te, e agora principio
Da teoria da Lua a revelar-te
Coisas que os teus astrónomos não sabem.

IX

Assim disse o poeta, e logo fomos
As praças percorrendo e as várias ruas
Aonde são guardados os *lunáticos*.
Dizeis vós os viventes (continuava
O meu bom companheiro) que com tolos
Nem no céu 'star convém; por tal motivo,
Em vez de um hospital de Rilhafoles,
O esferoide da Lua é destinado
A receber as almas dos malucos.
As manias que em vida os dominavam
Conservam inda aqui; mas olha e escuta. –
De uma calçada no alto então avisto
O Antoninho das Almas, que em Coimbra
Tão conhecido foi, pregando às turbas
Os sermões do costume. Avante andamos
E vimos nas esquinas afixadas
Muitas proclamações, chamando à urna
Os cidadãos da Lua. Aqui não falta
(Diz-me o poeta) um só dos eleitores
A ir na urna lançar a sua cédula;

Mas nenhum lê ao menos em quem vota,
Que isso importa bem pouco a esta gente.
Mas, se queres ver coisas engraçadas,
Entremos nesta igreja; os missionários
Vêm hoje aqui pregar. Entrámos ambos,
Mas foi subindo ao coro, pois em baixo,
Té na capela mor, tudo era cheio
De mulherio e beatério imenso.
Perguntei: e os beatos não concorrem?
Dante me respondeu: nesta metade
Da Lua que p'ra a terra anda voltada
Vivem só *simples tolos*, porque os outros
Que são *totós e maus* na outra metade
Que a terra nunca viu ficam guardados
Com sentinela à vista, e cada dia
Têm ração de chicote ministrada
Pelas mãos vigorosas dos gigantes.
Beatos *simples tolos* há cá poucos,
Se vós não tendes muitos...; e por isso
Dos *beatos hipócritas* o grémio
Mais tarde mostrarei. – Porém responde-me
Têm aqui residência os missionários? –
Não têm, me torna o mestre; mas em épocas
Mais ou menos incertas, de Mercúrio
De esses maraus vem uma caravana
Fazer o seu ofício, e logo voltam
Àquele seu lugar de eternas penas
Onde, com usurários e preguistas,
São grilhados ao fogo do hidrogénio.
Têm mais por companheiros as patroas
Das casas toleradas, e outros muitos
Ejusdem furf'ris etiamque forraginis.
– Mas para ouvir sermões desses velhacos
Não vale a pena aqui 'sperdiçar tempo.
Há mais que ver? – Repara, me diz ele.

Olhei; vi as mulheres dando campo,
E um cónego a fugir sob as pancadas
De rijo e forte báculo, zurzidas
Pelas mãos de um prelado furioso.
– Conheces este bispo? – E eu disse logo:
É talvez Dom Lourenço, que não poupa
O mísero deão, nem lhe perdoa
Inda aqui mesmo aquela picuinha
De lhe não ofertar o bento hissope.
– É esse mesmo. Mas é tempo agora
De ir ao outro hemisfério onde os gigantes
Fazem nos tolos maus o seu serviço.

X

Partimos, e chegado inda não tínhamos
À linha divisória das duas faces
Do 'sferoide lunar, quando horrorosos
Ouvíamos já gritos desses homens
Que o *knout* e o azorrague verberava.
Depois, quando a fronteira transpusemos,
Vi alguns militares, muitos padres,
Alguns homens de toga, outros de murça,
Outros de manto e c'roa, e finalmente
De bonifrates turba inumerável.
Entre os homens de murça destacava-se
Um vaidoso pedante; na cabeça,
Semelhando uma mitra, tinha posto
De papel um barrete desconforme.
Um gigante membrudo o perseguia
Atiçando-lhe rijas vergalhadas;
O pobre condenado ia gemendo,
E, apenas me avistou, 'scondeu de pronto
Dentro do tal barrete o magro rosto.
– O marau conheceu-te – diz-me o poeta.

– Mas tarde quis 'sconder o vil focinho
(Disse eu); conheço-o bem. Um prebendado
Era ele do cabido visiense (9);
Francisco António Nunes Vasconcelos
Foi nome desse biltre, que à vaidade,
À filáucia e soberba tanto culto
Prestou em vida, que, por ser deposto
Do cargo que ocupar nunca devera
(Mas coisas de política e vinganças
Colocaram esse asno em tal altura!)
Se tornou macambúzio e inda mais tolo
Do que fora até ali. Padre devasso
E vil caluniador, morreu pateta,
Por toda a honrada gente desprezado.

    Mas quem é aquele de cabeça baixa,
Braços em cruz, com cara de homem santo?
'Spera abrandar a fúria dos verdugos
Com aqueles seus modos de humildade? –
Responde-me Alighieri: esse é Tartufo,
O marau, cuja máscara rasgara
O chistoso Molière. Mas, contudo,
Dos tais a confraria não se extingue,
E até p'ra um teu colega reservado
Já cá 'stá seu lugar; porque o capelo
Um talismã não é que livre um sonso
Hipócrita manhoso do castigo
Que merece por suas vilanias.
Hás de em Marte e Saturno ver tormentos
A que estão alguns lentes condenados.
Como o Sanches Goulão, que ensinou física,
E Monteiro da Rocha, o jesuíta.
Mas vamo-nos daqui; se te parece,
Deixemos de ver mais *tolos malvados*.

Fim do canto primeiro.

NOTAS AO CANTO PRIMEIRO

(1)

Os estatutos da Universidade determinam que os professores dividam em duas partes o tempo da aula; uma é destinada à preleção que os lentes devem fazer, explicando a doutrina que seus discípulos têm de estudar para o dia seguinte, na outra devem chamar um ou mais dos mesmos discípulos a dar conta do estudo e aproveitamento que fizeram sobre as doutrinas da preleção antecedente. Esta prescrição dos estatutos é letra morta na Faculdade de Matemática, e por contágio já o abuso se tem estendido a outras faculdades.

Não se pode dizer com verdade que em matemática é inútil ou inconveniente a fiel observação daquela determinação dos estatutos. Tal observação se pratica na Escola Politécnica; e em março de 1875, visitando esta escola, teve o autor a honra de assistir na aula de física à preleção do sr. Pina Vidal, e na da 1.ª cadeira de matemática à do sr. Mariano Ghira, sobre a transformação de coordenadas em geometria analítica a três dimensões. S. ex.ª, tendo escrito no quadro as fórmulas de transformação e a respetiva figura, as discutia e comparava com toda a clareza, tratando as diferentes hipóteses, etc.

Os lentes de matemática em Coimbra deixam de cumprir esta sua obrigação, e há já muitos anos que os estudantes pagam à sua custa lições particulares, procurando explicadores que lhes ensinam na véspera as matérias da lição do dia seguinte.

(2)

Em 1862 havia em Coimbra uma sociedade secreta, denominada *raio*, cujo fim era uma conspiração contra o reitor da Universidade, o sr. Visconde de S. Jerónimo, promovendo por algum modo a sua exoneração. Conseguiram isso os conspiradores, desconsiderando publicamente s. ex.ª por ocasião da solenidade da distribuição dos prémios no dia 8 de dezembro. Saiu depois publicado um manifesto ao país assinado por muitos estudantes, acusando s. ex.ª de tirano, soberbo e jesuíta; alguns desses signatários (e dos mais graduados na ordem!) mostraram depois, já como estudantes, já na vida pública, quem é que era mais dominado pela soberba e orgulho.

(3)

Sendo as eleições a base fundamental do sistema representativo, é muito e muito para lamentar que a *prática* forneça aos amadores da antiga forma de governo o mais forte argumento em seu favor. Na verdade, o povo, o país não escolhe os seus legisladores; essa escolha é feita por influentes, *medalhões* (governamentais ou oposicionistas), os quais substituem de algum modo os antigos capitães mores e os senhores feudais. O povo mudou de opressor, como o burro da fábula mudou de dono.

Para se formar ideia da miséria e impudência a que se tem chegado nos últimos tempos, basta apresentar poucos factos: não nos chegava o tempo nem a paciência para narrar todas as tropelias praticadas, quer pelos homens dos governos, quer pelos das oposições.

As vinganças praticadas sobre os eleitores do círculo de Viseu em 1874, por ter a oposição feito sair eleito deputado o sr. Luís de Campos; pelo mesmo tempo as prevaricações das autoridades judiciais e administrativas no círculo de Viana do Castelo; finalmente o emprego de caceteiros por parte dos agentes governamentais, em agosto de 1875, para obstar à eleição do sr. Conde de Bertiandos para deputado por Braga, são prova suficiente do que asseveramos.

Mas para melhor se conhecer o fim para que alguns afilhados dos mandões pretendem a nomeação tribunícia, oferecemos o facto seguinte:

Em 23 de dezembro de 1874, na secretaria da Universidade, o sr. Dr. Alfredo Filgueiras da Rocha Peixoto, deputado eleito por

Viana do Castelo, declarou impudentemente perante os srs. Silva e D. Sebastião, oficiais da mesma secretaria, que só havia de deixar de ser deputado, resignando em seu pai, quando a este competisse a promoção a juiz de 2.ª instância; e que o fim da cedência era para seu pai não ter de ir para a Relação dos Açores, e ficar sempre na família a influência política.

Este mesmo legislador, sendo opositor a uma substituição na Faculdade de Matemática, no Colégio Académico dirigido pelo sr. Dr. Zeferino, perante este sr. diretor e o sr. padre Luís Teixeira, professor interno do mesmo colégio, em outubro ou novembro desse ano, declarou que havia mais de quatro anos que não satisfazia aos preceitos da igreja. Disse mais que, para o seu concurso, se viu em dificuldades para apresentar atestado de bom comportamento passado pelo pároco; mas que sempre achou um que lhe passou o atestado exigido, e que, em agradecimento, ele deputado governamental lhe obtivera um hábito da ordem de Cristo!

(4)

Das observações astronómicas feitas no observatório da Universidade de Coimbra não sabemos que tenha resultado para a ciência alguma utilidade. Conta-se (mas não acreditamos) que desde a sua fundação até hoje os seus observadores fizeram apenas duas descobertas... uns ratos na Lua e um planeta nos arcos de S. Sebastião!

(5)

Alude-se a uma criada, muito boa cozinheira, do sr. Francisco Rodrigues Viana, proprietário do Hotel Viriato em Viseu. Este hospedeiro emprega todos os meios de melhor servir, estimar e agradar aos seus hospedes; e, ainda não satisfeito com isso, é na mesa o primeiro a animar a conversação e a alegria, estimulando os hóspedes a comer bem e beber melhor.

Um tão amável hospedeiro não podia deixar de empregar cozinheiras perfeitas na sua arte, como é a sr.ª Emília.

(6)

O Dr. Tomás d'Aquino de Carvalho foi lente de mecânica celeste, e depois jubilado e diretor do observatório astronómico. Sabia muito de astronomia teórica, e era exímio jogador de bilhar.

(7)

O sr. Dr. António Zeferino Cândido da Piedade defendeu teses em matemática em junho, e tomou capelo em julho de 1875. O seu ato de conclusões magnas foi brilhantíssimo e presenciado por um público numeroso.

A *honesta* Faculdade de Matemática houve por bem nas informações conferir-lhe apenas a classificação de bom com 15 valores!

(8)

O Dr. José Anastácio da Cunha, oficial de artilheria, foi pelo Marquês de Pombal nomeado lente de matemática e mandado graduar e incorporar na Faculdade. Não só pelos seus trabalhos científicos foi um dos maiores matemáticos que fazem honra a Portugal, mas ainda há dele produções literárias de muito merecimento.

Pouco tempo porém teve a Universidade de Coimbra a honra de o possuir no seu grémio. Intrigado pelo P.ᵉ José Monteiro da Rocha, seu colega e a quem fazia sombra, foi demitido no fim de quatro anos e metido em processo pela Inquisição. O miserável jesuíta até o acusava de fazer versos e vestir farda militar!

(9)

Francisco António Nunes de Vasconcelos, cónego da Sé de Viseu e arcediago de Pindelo, foi também professor jubilado do liceu da mesma cidade. Soberbo, vaidoso e pedante, deveu ao seu servilismo político a nomeação para comissário dos estudos, cargo para o qual era incapaz e que serviu pessimamente, e para o obter pouco lhe importou cometer uma revoltante ingratidão contra o seu antecessor, o sr. Com.ᵒʳ António Correia de Sousa Montenegro, a quem o mesmo arcediago devia importantíssimos favores! Este cavalheiro, que por espaço de dez anos fizera bom serviço naquela comissão, sem motivo algum plausível foi demitido para que o cónego enfatuado conquistasse o *penacho*.

Nomeado comissário dos estudos e reitor do liceu de Viseu em outubro de 1872, Francisco António Nunes de Vasconcelos comportou-se tão infamemente com a corporação a que presidia, intrigando e caluniando os professores do liceu, suspendendo um professor primário por auxiliar a candidatura de um deputado oposicionista, pretendendo nos exames finais obrigar o sr. Dr. Viegas, presidente de matemática, a admitir, com uma certidão falsa de doença, a novo exame um estudante que tinha desistido, etc., que em dezembro de 1874 o Governo se viu na necessidade de lhe dar a exoneração.

Por ocasião da posse do seu sucessor, o sr. Manuel Joaquim Teixeira, em janeiro de 1875 foi proposto em conselho e aprovado unanimemente o seguinte voto de censura:

29 de janeiro de 1875.

«Ata da sessão do conselho do liceu nacional de Viseu, sob a presidência do sr. reitor Manuel Joaquim Teixeira».

«– E por esta ocasião foi apresentado ao concelho do liceu um voto de censura ao ex-reitor Nunes de Vasconcelos, assinado pelos professores – Montenegro, Eugénio, Macedo, P.ᵉ Sousa, David Pereira, e Simões Dias, – que é do teor seguinte: – «Constando extraoficialmente aos professores do liceu, que assinam este protesto, que o ex-reitor arcediago Francisco António Nunes de Vasconcelos os denunciara falsamente ao governo de Sua Majestade, protestam em nome de sua justiça e dignidade contra aquele ato, que por ser calunioso não pode justificar-se; bem como protestam contra a menos lealdade das expressões, de que usou o ex-reitor, quando se despediu dos professores reunidos; aos quais declarou, que deles não levava o menor motivo de queixa; que se despedia com saudade dos professores, os quais lhe não deram o menor desgosto; e que a todos agradecia a boa camaradagem, que lhe fizeram».

«E, não havendo mais nada a tratar, o sr. reitor levantou a sessão, etc.».

CANTO SEGUNDO

HISTÓRIA DE ALGUNS LADRÕES FAMOSOS
PUNIDOS NO PLANETA MERCÚRIO;
VIAGEM A VÉNUS

I

Tens vontade e coragem, diz-me o poeta,
Para seguir caminho mais extenso?
Como Celas de Coimbra, assim a Lua
Arrabalde é da Terra. Agora vamos
Procurar outros orbes, mas devemos
Ir visitar primeiro os inf'riores
Planetas antes de ir aos mais longínquos.
– A Mercúrio não vou, lhe digo eu logo.
Há por lá, me disseste, entre outra gente
Que viveu de explorar a humanidade,
Muitos homens preguistas; tenho medo
De ficar sem relógio, e da camisa
Té os poucos botões deixar lá posso.
Lembra-me bem, quando era quintanista
Tive de pôr no prego a abotoadura
Para comprar papel e umas fitinhas
Azuis e brancas, namorando um prémio
Co'uma dissertação composta *ad hoc*
Por conselho do lente; em paga deram-me
Um impresso bonito e lisonjeiro,
Mas que não tinha a bela qualidade
De enfeitar os peitilhos das camisas.
Nada, não quero ir lá; de esses tormentos
A que estão condenadas de Mercúrio

As almas habitantes chegaria,
Por certo, a horrorizar-me, e a condoer-me
Dos tristes pecadores. Saber basta
Para a minha instrução que o tal planeta
P'ra inferno dos ladrões é destinado.
Podes porém contar-me dalguns desses
Mais celebrados a famosa história. –

II

Não vamos lá? Pois seja. Mas sabendo
Deves ficar que tem entre os primeiros
E maiores ladrões lugar um papa;
Clemente quinto é ele, e companhia
Lhe faz Filipe o Belo, rei de França,
Ambos estes malvados se ligaram
P'ra roubar dos templários as riquezas;
Urdindo p'ra tal fim calúnia infame,
Fizeram processar os desgraçados
Que a culpa tinham só de serem ricos,
Faccioso tribunal organizaram
P'ra disfarçar o roubo e assassinato,
E da ord' o grão mestre co' outros muitos
Cavaleiros ao fogo condenaram.
Mas a voz da verdade e da justiça
Dentre as chamas falou. Foi intimado
A compar'cer no tribunal divino
Um daqueles sicários coroados
Dentro em quarenta dias; prazo de ano
Ao outro foi marcado. Agora unidos
Estão na mesma grelha, onde recebem
Juros e capital do antigo empréstimo. –
E onde ficam, pergunto, da terrível
Inquisição os bárbaros ministros

Que também condenavam às fogueiras
Infelizes sem conto, p'ra roubar-lhes
Fortunas e riqueza? – Formam cerco,
Me responde o meu guia, aos dois malvados;
Apreciam agora a *caridade*
A que o seu *cristão zelo* os animava.
 Perto destes, em grelha mais estreita,
Um ministro do Duque de Bragança,
Joaquim António d'Aguiar (chamado
Também o *Mata-frades*) recompensa
Bem mer'cida recebe de haver posto
Fora das suas casas e fazendas
Os frades dos conventos portugueses.
Se as ordens parasitas extinguisse,
Ou inda a dos bernardos, não diria
Que um erro cometesse; mas dos bentos
E dos crúzios as ordens não deviam
Ser compr'endidas no famoso *ukase*.
Trabalhadores eram estes frades
E os cónegos regrantes; seus escritos
Nas ciências e nas letras nos revelam
Bem-merecer da pátria. O seu trabalho
Útil e proveitoso garantia-lhes
Para existir direito incontestável.
 Nas ordens ilustradas ministrava-se
Ensino intenso e sólido nos mancebos,
E tão profundamente nunca foram
Ensinadas do Lácio e Grécia as línguas,
História e literatura. Os liceus d'hoje
Muito mal satisfazem; as reformas,
De cada vez piores, a tal ponto
Têm desgraçado o ensino secundário,
Que proveito maior teria a pátria
Se os mandasse fechar. Vá a carapuça

Somente a quem pertence (1); a instrução pública
Em Portugal semelha o caranguejo.

III

Mas voltando a falar dos inquilinos
Do planeta Mercúrio, entre outros muitos
O célebre *Fra Diavolo* se encontra;
O legendário Chuço (2), que na vida
Fora o terror das Beiras, tem seu leito
Junto de este bandido. O judeu Shilock (3)
Tem com Jacques Ferrand (4) a mesma grelha;
Aos gritos dolorosos destes homens
Ricos e miseráveis fazem coro
De usurários menores turba imensa,
Muitos negreiros, muitos comissários
De grande companhia aliciadora
De colonos p'ra América, e igualmente
De indústria mais infame os corretores
Que do Brasil fornecem aos prostíbulos
Inumeráveis vítimas. A crédula
Gente do povo deixa a tais vampiros
Sugar-lhes todo o sangue; asp'ros trabalhos,
Maus tratamentos, a miséria, a morte
São as *grandes riquezas* destinadas
Aos pobres iludidos. E os malvados
'Speculadores da miséria humana
Gozam folgadamente das riquezas
Que custa tanto sangue e tantas lágrimas;
Terão porém em tempo mais remoto
O castigo mer'cido por tais crimes.
Também de muitos bancos, companhias,
Hão de mais tarde alguns dos diretores
Ou sócios fundadores recebidos

No grémio ser de tão honrada gente.
Mas tempo me parece que já vamos
De Vénus visitar os habitantes. –

IV

Disse, e de novo o voo desprendemos
Em demanda do lúcido planeta
Que, uns poucos meses antes, para os sábios,
A fim de precisar a paralaxe
Do nosso astro central, o mesmo fora
Que para os caçadores ave rara
E de caça difícil. Montaria
De todas as nações mais ilustradas
Fizeram ao fenómeno os astrónomos.
Comissões numerosas os governos
Dos diversos países enviaram
Para pontos diversos; mas do nosso
Ilustre Portugal julgou-se impróprio
Gastar dinheiro em coisa tão pequena.
   P'la rápida mudança dos planetas
Em relação às 'strelas, conhecia
Ser muito mais veloz esta revoada
Do que fora a primeira; e o florentino
Meu bom amigo e mestre, compr'endendo
As minhas reflexões, me diz: nós outros
Ad libitum podemos estes voos
Fazer lentos ou rápidos; a fórmula
Dê xis sobre dê tê para os ditosos
É zero sobre zero (5). Não te admires
Da maior rapidez nesta viagem;
Sei que és bom amador do teatro lírico,
E precisamos ir com mais presteza
P'ra chegar ao princípio do espetáculo

Que na *Cidade dos Amantes Trágicos*
Hoje é levado à cena.

V

           A sociedade
Que de Vénus povoa a superfície
É de almas bem formadas, que por isso
Tal morada por prémio conseguiram.
Há lá muitos pintores, muitos músicos,
Muitos poetas também. Uns conquistaram
No panteão dos homens beneméritos,
Por sábias produções, lugar distinto;
Outros, se não firmaram p'ra seu nome
Perdurável memória, nem por isso
Deixaram de ser úteis mais ou menos.
Mas todos tinham alma apaixonada,
Da virtude e beleza sendo sempre
Fiéis e dedicados sacerdotes.
    Também formosas damas, por bondade
Inata da alma sua, ou por notável
Sacrifício d'amor; jovens ilustres
Que de amor infeliz vítimas foram,
E ainda outros mancebos, cujos nomes
A história não conserva; todos eles
O prémio estão gozando de tão nobre
E honroso sentimento que nutriram.
    Mansão de almas ditosas o planeta
(Que já vemos de perto) em abundância
As riquezas têm todas que tem Júpiter;
E os seus habitadores organizam,
Para passar o tempo, festas, bailes,
Danças, concertos e saraus poéticos.
Mas já vamos pousar, e sem demora
Passas a conhecer tal paraíso. –

VI

Num recinto mais belo que o Rossio
Ou Terreiro do Paço nos achamos.
Tinha no centro um obelisco altíssimo
Todo de ouro maciço, suportando
Um círculo de prata onde se lia
Em letras de rubim: *aqui é a praça*
De *Heloísa e Abailard*[1]. – Se te apetece,
Disse-me o cicerone, algum *quod-ore*,
Visitamos primeiro o restaurante,
Antes de ir p'ra o teatro. – É bem lembrado,
Lhe respondo, ir provar do vinho fino
Que este país produz. – Seguimos logo,
E numa sala 'splêndida, adornada
Das flores mais vistosas e odoríferas,
Com bom prato de bifes milaneses
Nos foi servido um vinho delicioso
Em copos de asas duas. Eram de ouro
Tão trabalhado (os copos) como aquele
Com que Vulcano ministrava o néctar
Do Olimpo aos maganões, quando altercavam,
Quais regateiras, Jove e sua 'sposa;
Mas o bom manquitó co' a pingoleta
Soube apagar a tempo aquela rixa
Entre Júpiter, pai d'homens e deuses,
E Juno recostada em trono de ouro
(P'ra não dizer *auri-tronada Juno*).
   Depois do beberete uns dois charutos
De Manilha acendemos, e em seguida
O meu bom, previdente companheiro
A mudar de vestidos convidou-me

---

[1] *Héloïse et Abélard,* uma famosa história medieval de amor.

Para ir devidamente apresentar-me
E no teatro ocupar um camarote.

VII

Quem poderá contar as maravilhas
Do teatro *Inês de Castro*? A arquitetura,
O luxo das cadeiras, camarotes.
Os diamantes dos lustres, a brilhante
Decoração das cenas, vestuários,
Eram tão sumptuosos, que de Ariosto
Inventados palácios, ou das célebres
Mil e uma noites fabulosos paços
Igualar inda assim mal poderiam
Tanta riqueza e ornato com que fora
Fundado aquele teatro em homenagem
De Dom Pedro à famosa, infeliz 'sposa.
    Só da arte por amor, e não por lucro,
De canto a companhia se formara;
Bellini era o regente, e deste mestre
Ia uma ópera nova ser cantada
Por notáveis, distintos *dilettanti*.
Era o baixo absoluto Frei Lourenço,
Romeu tenor; sua terna e meiga esposa,
A formosa Julieta, era o soprano.
Eram Paulo e Virgínia secundárias
Personagens na peça: por contralto
Entrava a jovem dama das Antilhas,
Seu fiel namorado era o barítono.
No serviço do palco os contra-regras
Eram Bandello e o bom Luís do Porto;
E até Félix Romani, o libretista,
A ser ponto prestou-se de bom grado.
À porta num cartaz em letras gordas

Fomos ler nós: GUISMONDA, ópera nova
De Vicente Bellini. – Eu já conheço,
Disse para o meu mestre e sábio guia,
O assunto desta peça, e agora estimo
Na cena teatral ir apreciá-lo (6).
Quero ver como é bem desempenhado
O papel da princesa; há de ser belo
Ver Frei Lourenço e a sua protegida,
Julieta tão amável, num dueto
(Figurando um Tancredo, outra Guismonda)
Queixas amargas, repr'ensões severas
Jogaram entre si. – Pois sim, mas vamos
Ocupar, que é já tempo, o lugar nosso –
Me tornou Dante, e entrámos para dentro.

VIII

Depois de uma brilhante sinfonia,
De abertura chamada, começava
Um coro de fidalgos, precedendo
Do príncipe Tancredo a cavatina.
Ouvida uma só vez, não posso agora,
Parte por parte, analisar a peça;
Mas do enredo o sumário em poucas frases
Deverei relatar. Aquele príncipe,
Monarca de Salerno, à filha sua
Adorável Guismonda, já viúva
E jovem inda muito, não cuidava
De novamente procurar marido.
Mas os anos corriam, e a princesa,
Que da vida a estação mais agradável
Bem aproveitadinha ver queria,
E tendo-lhe o primeiro casamento
De um segundo a vontade estimulado,

Lembrou-se de emendar do pai a incúria.
   Muitos varões ilustres concorriam
De Tancredo na corte, mas Guismonda
Pôs os seus pensamentos num mancebo
Dos de mais baixo estado. Era formoso
E amável muito o jovem; preteridos
Foram senhores de elevada esfera.
Perdida a timidez, receio ou pejo,
Com fé no sentimento que os olhares
Do mancebo feliz lhe revelavam,
Soube Guismonda com manhosa indústria
O seu bem informar de oculta via
Pela qual da princesa aos aposentos
Ir podia em momentos ajustados.
Guiscardo, o amante belo e cuidadoso,
Não perdeu tal ventura; e muito tempo
De estes amores e engenhosa astúcia
Nem suspeitas sequer haver podia.
Mas um funesto acaso, por desdita,
Fez que o monarca com seus próprios olhos,
Escondido no quarto da princesa,
O efeito presenciasse do descuido
De não ter novo genro procurado.
   Ardendo nos desejos de vingança,
Reprimiu todavia os seus furores.
E no dia seguinte fez ser preso
Guiscardo, que de nada inda sabia
E p'ra nova entrevista caminhava.
Em seguida à viúva, infeliz filha
Foi dirigir doestos e censuras;
Com dignidade e brio a nobre dama
Aquele erro ligeiro abonar soube,
Mas de Tancredo a obstinação terrível
Nem por isso é menor. Nesta passagem
De um brilhante dueto me recordo.

TANCREDO

Filial amor, respeito,
Filha ingrata, me devias;
Não 'sperei que descerias
A uma tal degradação.
Mas, se à chama criminosa
Aceder por fim quisesses,
Pelo menos escolhesses
Homem de outra posição.

GUISMONDA

Que honra e brio! Essa vergonha
Pelo meu procedimento
Tem por *nobre* fundamento
De Guiscardo a condição!
Sabe, ó pai desnaturado,
Que a nobreza mais brilhante
Tem meu belo e pobre amante
Em seu terno coração.

Continuemos porém. Não desistindo
O monarca cruel do seu propósito,
Matar ordena o mísero Guiscardo,
E o coração do desgraçado amante
Dentro de um copo de ouro entregar manda
À desditosa filha co' estas frases
Que da alma os seios íntimos 'spedaçam:
Por saber que te é caro, amada filha,
Este brinde te envio p'ra teu gosto;
Prazer igual te possa dar, qual deste
Ao velho pai que a honra preza e estima.

Mas a nobre Guismonda preparada
'Stava p'ra toda a dor, e ao mensageiro
Falou sem lagrimar: *Podeis ao príncipe*
Meu nobre e honrado pai, dizer que aceito
O seu rico presente como prova
Do desvelo, cuidado e amor paterno.
Depois um solilóquio... Inda me lembro
Da *romanza* cantada por Julieta:

GUISMONDA

Co' os olhos do meu rosto,
Ai triste, não 'sperava
Poder-te ver; bastava
Saber tua afeição.
Carícias do amor nosso
Do teu sincero afeto
Aos olhos do intelecto
Traziam convicção.

O príncipe irritado
Ofende lei, natura;
Mas nobre sepultura
Ao menos te quis dar.
Exéquias só faltavam,
Que ser já vão cumpridas
Com lágrimas sentidas,
Com meu cruel penar.

E derramava copiosas lágrimas
Sobre aquele presente de Tancredo;
Depois outro licor, que compusera
Com ervas venenosas, foi lançado
No mesmo copo de ouro. A resoluta,

Animosa Guismonda o chega aos lábios,
Até a última gota o bebe todo.
   No entanto as aias, que partido tinham
O príncipe a avisar da dor da filha,
Em cena entram com este. A nobre dama
Envenenada morre, perdoando
Ao pai arrependido e que promete,
Na mor consternação e desespero,
Fazer aos dois exéquias sumptuosas
E encerrá-los na mesma sepultura.

IX

Nem Norma nem Sonâmbula mer'ciam
Tão 'strepitosos bravos, como aquela
Celeste partitura de Bellini.
Mas da noite a festança continuava
Em casa da princesa Dona Branca
Co' um baile 'splendidíssimo. O rei mouro
Aben-Afan, que a dama portuguesa
'Scolhera para esposo, recebendo-me
Com o maior agrado, apresentou-me
De amigos seus a ilustre companhia.
Encontrei lá Camões, Ovídio e Tasso
A jogar a manilha; noutra mesa
Estavam Miguel Ângelo e Leonardo
De Vinci no gamão encarniçados;
E até José Maurício e Donizzetti
Folgavam de jogar biscas de nove!
– Ora esta gente, disse, em bagatelas
Não se envergonham de passar o tempo? –
   Com o que tu cá vens, responde o mouro;
Deixa chegar as damas, que hás de vê-los
No jogo da berlinda ou padre cura.

Não só para as crianças inventadas
Foram tais brincadeiras; lá na Terra
Também para homens sérios tendes coisas
Par'cidas com tais jogos. Na berlinda
São postos os ministros, deputados,
Civis governadores, e outros muitos;
Tu mesmo, em tua esfera tão pequena,
Tens lá por essa Coimbra alguns tratantes
Que as abas da casaca bem te cortam.
Há até no bairro alto uma botica
Onde se juntam muitos maldizentes,
Que não poupam ninguém, nem uns aos outros
Conforme vão saindo: as próprias drogas,
Quando todos se ausentam, fazem figas,
Por não poder falar, ao dono delas!
Mas a orquestra sinal dá para as danças,
E podes tirar par, se é do teu gosto.

X

Entre as damas gentis que concorriam
De Dona Branca à festa, a mais galante
Era a princesa Hermínia, a nobre filha
Do monarca que tinha de Antioquia
O governo e poder, quando os cruzados
Assolar foram estas e outras terras
Dos filhos do crescente. Como um bravo
Em defesa morreu dos seus domínios
O pai da linda jovem; mas Tancredo,
Dos cristãos o mais nobre cavaleiro,
Foi proteção, amparo da pobre órfã.
O seu digno cantor, Torquato Tasso,
O favor fez de apresentar-me à bela
Princesa muçulmana; e a linda Hermínia

Honrou-me co' a primeira contradança.
Tive por *vis-à-vis* o bom Ariosto,
Que a terna Flordelis p'ra par tirara.
Este meu *vis-à-vis* foi par marcante,
E soube dirigir marcas mais lindas
E engraçadas figuras do que aquelas
Que em Veirós (7) muitas vezes eu fazia
Executar aos pares lafonenses,
As danças animando nas partidas
De um meu prosado amigo. Em contra-marchas,
Cadeias, espirais e outras manobras,
Aceitar bem podia lições ótimas
Do jocoso e satírico poeta.
    Co' a filha de Brabâncio, a desditosa
Desdémona, a honra tive de uma valsa
Dançar vertiginosa; era mais linda,
Mais cadente e agradável pela música
Que a da Senhora Angot no ato segundo.
    Meu par numa sueca foi Simona,
Essa esvelta fiandeira florentina
Do mancebo Pasquino amante e amada,
Que, p'ra justificar-se da funesta
Súbita morte do seu bem querido,
Ante o juiz e seus acusadores
Uma folha colheu da mesma salva
Que fora tão fatal ao desditoso;
Com ela esfrega os dentes, e o veneno
Não tarda a produzir o mesmo efeito
Ao qual o amante seu já sucumbira (8).
Terminaram os dois no mesmo dia
A vida e amor terreno; mas agora
Na celeste mansão vivem felizes
Sem temer algum sapo que envenene
Os seus dias de amor e de ventura.

Se hoje os sapos não são já venenosos
E, sem p'rigo, da salva pode a folha
Para limpar os dentes ser usada,
Não deixa cá no mundo de haver *sapos*
De veneno moral; são os más línguas,
Na intriga e na calúnia bons discípulos
De Dom Basílio, o pai dos mexericos.
    Dancei muitas mazurcas, escocesas,
Joguei jogos de prendas, té que a aurora
A todos avisou que era já tempo
De ir cada um no descanso preparar-se
Para outras iguais festas ou diversas.
Dos furores de Orlando o vate insigne
Quis fazer a fineza de hospedar-nos;
Aceitámos a oferta, e gozar fomos
De um sono bem dormido horas 'squecidas.

Fim do canto segundo.

NOTAS AO CANTO SEGUNDO

(1)

Na recente publicação do sr. João José de Sousa Teles, intitulada *Os exames de instrução primária e secundária*, se faz uma análise muito sensata das causas que têm reduzido o ensino secundário ao miserável estado em que se acha. O autor do opúsculo deveria às pessoas indicadas no mesmo juntar também os legisladores.

Em 1871 a câmara eletiva abafou nas comissões uma reforma muito razoável da instrução secundária, trabalho do sr. Bispo de Viseu. Deixou substituir a legislação que vigorava, e que o poder executivo piorou mais com a alteração e desordem de 1873, a qual ainda dura.

Para o ensino da filosofia e belas letras propôs o sr. deputado Dr. António José Teixeira a criação de três faculdades no país. Em 1874 foi a proposta abafada; renovada em 1875, não chegou a ser discutida.

(2)

Célebre salteador. Ainda hoje se contam na Beira Alta furtos e roubos engraçados deste bandido, e chistosas evasivas com que lograva a perseguição das autoridades.

(3)

Rico usurário na comédia de Shakespeare intitulada *O mercador de Veneza*.

(4)

Tabelião que figura no romance de Eugénio Sue *Os Mistérios de Paris*.

(5)

Para os leitores que não sabem matemática não explicamos estes dois versos, porque não entenderiam a explicação; para os matemáticos também não, porque não precisam.

Advertimos porém os que não sabem matemática que introduzimos unicamente por adorno esta tautologia; a significação é o que já fica dito nos versos antecedentes. Aos matemáticos diremos que, por necessidade da metrificação, escrevemos a leitura figurada e não a fórmula, a qual não é outra cousa mais do que a tradução em análise matemática de um dos dotes do corpo glorioso ensinados nos catecismos da doutrina cristã.

(6)

Este episódio quo se lê no texto é tirado da *novella* 1.ª *giornata* 4.ª, do *Decamerone* de Boccaccio.

(7)

Em casa do sr. José Correia de Lacerda, respeitável cavalheiro de S. Pedro do Sul.

(8)

Veja-se Boccaccio, *Decamerone, giornata* 4.ª, *novella* 7.ª.

CANTO TERCEIRO

CONTINUAÇÃO DA VIAGEM NO PLANETA VÉNUS;

VIAGEM A MARTE

I

As almas fortunadas, que de Vénus
Nos continentes e ilhas têm morada,
A mais bem entendida convivência
Observam entre si. Por simpatia,
Os que na terra foram desditosos
Nos seus amores, mais e mais estreitam
Relações de amizade no outro mundo,
E na *Cidade dos Amantes Trágicos*
Estão domiciliados a mor parte;
Não deixam todavia de em viagens
Pelo mesmo planeta, ou inda noutros,
Gozar mui divertidos, belos dias.
    Há no *Mar dos Prazeres* uma extensa
E formosa ilha; os seus habitadores
Foram gente feliz nas aventuras
Da idade juvenil, bem que alguns deles
Houvessem muitos golpes da desdita
E de amargo sofrer exp'rimentado.
De esta ilha afortunada, entre outros muitos,
Na vila principal têm residência
A formosa Genebra e o generoso
Ariodante, esposo dedicado
Da gentil escocesa (1); outros patrícios
De este afetuoso par, Edith Bellenden

E o esposo Henrique Morton, não menos
São dignos habitantes de tal ilha (2),
Mas há poucos como estes, e de gente
Obscura sim, mas digna da vivenda,
Grandes, notáveis vilas são compostas.
    Um irmão de Genebra, o bom Zerbino,
Distinto cavaleiro e o mais formoso
Que a natureza houvera produzido (3),
Com a meiga Isabel feliz vivia
Dos trágicos amantes na cidade,
E do nosso hospedeiro era dos grandes
E melhores amigos.

II

                    Uma tarde
O serviçal Zerbino convidou-nos
Para um passeio à ilha; já não tínhamos
Mais que ver na cidade, e prontamente
Aceitámos gostosos tal convite.
Já por mar, já por terra apreciadores
Éramos dos caminhos e passagens,
Que andar morosamente preferimos
Para eu formar ideia mais completa
Do mar e terras do planeta Vénus.
    Depois de vários dias de caminho
Num povoado extenso nos achámos
Que de *Vila Patusca* tem o nome.
Do nosso companheiro a irmã galante
Nos acolheu com toda a cortesia,
E mais de uma semana não cessaram
Os banquetes, passeios, serenatas,
Regatas, bailes, que a formosa dama
E o nobre Ariodante aos forasteiros

Para maior obséquio preparavam.
Mas, tempo me par'cendo de outros mundos
Procurar conhecer, aos meus amigos
Ocultar não quis mais este desejo.
Irás, me diz Genebra; esse é teu gosto,
Não quero contrariá-lo. Mas primeiro
Espero quererás ir no teatro
Da nossa boa terra ouvir uma ópera
Da qual é meu marido o libretista,
E a música fiz eu. Vai hoje à cena,
E é do género cómico; não gostas?
– Se gosto! Isso pergunta-se? Mais cedo
Estimaria até ter essa dita. –
Precisava de ensaios, torna a dama,
E mais cedo não pôde ser cantada
A nossa ópera cómica. E seu título
Raio do Mundo, o pérfido malaio.

III

De uma ópera burlesca a muita gente
Importa pouco conhecer o enredo;
E nalgumas é tal que, se não lermos
O libreto primeiro, um labirinto
A ação vem a par'cer! Na d'Ariodante
Engraçada comédia todavia
O fio descobri da patuscada
Organizada e sempre dirigida
Pelo devasso e vil protagonista.
    Em terras de Parvónia houve um convento
Misto de frades crúzios e bernardos;
Todos no culto externo eram conformes,
Mas cada um adorava um deus dif'rente
Muito pela calada. Um frade amava

De Pluto o culto sórdido e avarento,
Este a Baco, aqueloutro ao deus Príapo
Homenagens rendia, e dentro todos
Por exceção alguns havia honrados.
O estado este era da ordem; compr'endiam-se
Todavia os maraus, nem se poupavam,
Uns dos outros cortando nas casacas
Co' a língua por tesouras; no mosteiro
Um equilíbrio instável se mantinha
Apesar disto tudo. Era evidente
Que ser distinto em vícios uma prenda
Vinha a ser de valor e mer'cimento
P'ra o malhete empunhar da chafarica.
    Um dia que em capítulo eram juntos
Aqueles bons amigos e sinceros,
A Discórdia, não tendo já mais pomos,
Um pipo fez rolar cheio de vinho
Na sala monacal com a etiqueta:
Para o bebedor-mor da confraria.
Então aqueles frades, pretendendo
Fazer jus ao presente da Discórdia,
Começam por botar grandes discursos,
Cada um advogando a causa sua.
Mas de pulmão a esgrima era impotente
Para a sentença dar de tal pendência,
E os frades, dos doestos, grosserias
Esgotado o armazém, os murros jogam.
Os murros? Digo mal; jogam os couces,
E por acaso o pipo escangalharam,
Que continha o motivo da balbúrdia.
– Meus irmãos, que fizemos? – grita um monge
(Dom Frei Raio do Mundo era o seu nome),
Do qual a cor do rosto, parecida
Co' a azeitona madura, revelava

Ter nas veias fradescas outro sangue
Que não gira nas veias caucasianas.
– Que fizemos, irmãos? Jaz derramado
O gostoso licor por que brigávamos;
Eia, de bruços já, bebamos todos
Alguma pinga ao menos, e em seguida
A sessão começada continuemos
Na santa paz do padroeiro nosso. –
A proposta agradou; curvam-se todos,
Bebem vinho com lama, e concluíram
A sessão, entoando o coro da ordem:

> É mister, para engordar,
> Que se abaixe a cabecinha
> Té ao chão;
> Quanto mais poder dobrar,
> Dobre um frade a sua espinha
> P'ra agradar
> Do convento ao abade ou guardião.

IV

Em santa paz a cena terminara
Da fradesca assembleia, mas o preto
Alcoólico licor pusera os cérebros
Dos crúzios e bernardos em desordem.
Da sala do capítulo partiram
Juntos para a taberna, e bambochata
Foram ter de mais pinga e cantarola,
De um noviço a patente festejando.
Da peça o ato segundo principia
Por uma cançoneta de Frei Raio:

RAIO DO MUNDO

1.ª

Na taberna as patuscadas
São por mim mais procuradas
Que no coro a obrigação.
Olá, senhora patroa,
Dê p'ra aqui sardinha e broa
E um pote de cascarrão.
Sou Raio do Mundo, olé;
Ser devasso é o meu filé.

CORO

É Raio do Mundo, olé;
Ser devasso é o seu filé.

RAIO DO MUNDO

2.ª

Da nossa comunidade
Deve saber cada frade
A força que aqui me traz;
E mostrar ao meu povinho
Que bebo cachaça e vinho
Como ninguém é capaz.
Sou Raio do Mundo, olé;
Ser borracho é o meu filé.

CORO

É Raio do Mundo, olé;
Ser borracho é o seu filé.

Depois segue-se um coro, uma inferneira
De desafinações e gritaria,
Canções de meretrizes, jogatinas,
E terminava a festa, proclamando-se
Raio do Mundo o rei dos Borrachões.
Coroam-no de pâmpanos, e um tirso
Lhe entregam por insígnia; sobre um pipo
A cavalo o colocam, e em triunfo
É levado por toda aquela gente
Com muitos vivas e hurras. Cai o pano.

V

De Edith Bellenden um chalé vistoso
Marcado lugar foi p'ra a despedida
Dos dois visitadores; numa tarde
Lá compar'cemos todos, eu e Dante,
Nosso hospedeiro, amigos e parentes.
Notei a falta do álbum de retratos
Que trazia Alighieri, e com franqueza
Me disse uma senhora: inda tem poucos,
E estão alguns pintores, habitantes
De este belo país, encarregados
De o acabar de encher. Quando na volta
Aqui vieres descansar de novo
Antes de regressar para Coimbra,
Então com mais vagar daremos vista
À coleção de tais fotografias;
Agora, meu doutor, vamos a Marte.
– Oh que fortuna a minha! Pois amado
Eu posso ser por almas do outro mundo
Tão gentis como vós? – Que brincadeira,
Meu bom calemburista! Partir vamos

P'ra te mostrar em Marte as almas réprobas
Dos rixosos, bulhentos, sanguinários. –

VI

Se alguém me perguntar quem era a dama
Tão cortês para mim, que se dispunha
A acompanhar-me ao rúbido planeta,
Direi ser a famosa Olímpia Gaia (4)
Que uns doutores de Coimbra amaram muito,
E que mais tarde foi na arte dramática
Em Lisboa buscar melhor fortuna.
Muito tempo porém nesta carreira
Adiantar-se não pode a linda jovem;
De lenta consumpção, definhamento,
Qual Dama das Camélias, dentro em breve
A infeliz rapariga foi ser vítima.
Perdeu a humanidade uma alma d'anjo;
Mas hoje a antiga forma e juventude
Saúde e robustez a bela Olímpia
Possui lá nesse orbe afortunado
De mocidade eterna e amor perpétuo.
    Da *divina comédia* o autor insigne
Me disse por sua vez: – Caro discípulo,
Assim como das vidas lá na Terra
Aos dias de alegria e de ventura
Suceder acontece prolongados
Os dias de desgraça e contratempos;
São as c'roas de louros muitas vezes
Das coroas de espinhos percursoras,
E de Pilatos torna-se em varanda
O lugar que já fora Capitólio;
Assim um orbe de almas condenadas
A este astro se sucede de almas boas.

Não me refiro à Terra, essa é tua pátria
Enquanto lá viver te consentirem
(Eu também tive pátria e fui proscrito);
Conhecê-la algum tanto, nem para isso
Te fui eu convidar. De Marte eu falo,
Que dos astros errantes sup'riores
Vem o primeiro a ser. É destinado,
Como acabas de ouvir, para castigo
Das almas dos malvados que na vida
Foram dos seus irmãos flagelo horrível.
    Sabes perfeitamente como vítima
Da política infame eu fui na Itália;
Mer'cida punição dos seus delitos,
Sequestros, roubos, sofrem hoje os guelfos.
Mas, amigo, desculpa-me; eu não quero,
Nem como cicerone, ir novamente
Ver aqueles ladrões; bastem-lhe os tratos
Que os demónios, seus guardas, lhes ministram.
Não se dá já porém igual motivo
Contigo, meu doutor, que esta viagem
Para instrução somente andas seguindo,
E até sem ter subsídio do governo.
Dispensa-me, portanto; e desta dama
Aceita os bons serviços e conselhos.
Espero-te encontrar no orbe de Júpiter,
E acompanhar-te nesse e outros planetas. –

VII

Assim disse Aliguieri e sem demora
Num lindo palanquim me of'rece entrada
Ao lado da galante o meiga Olímpia.
Tinha um registo e leme o carro aéreo;
Este p'ra a direção, o outro servia

P'ra reger da viagem o andamento,
Parando, acelerando ou retardando
Do carro os movimentos. Boa viagem
Nos diz aquela ilustre companhia,
E tocando uma mola do registo
Ao palanquim fizemos tomar curso.
  A bela Olímpia, o leme governando,
Entrega-me um binóculo e acrescenta:
– Aí tens; esse instrumento é mais perfeito
Do que os melhores óculos na terra.
Serve p'ra ver, mesmo através dos muros,
E, se queres também ouvir conversas
Ou discursos ao longe, o botão calca
Junto do parafuso. A superfície
Não devemos pisar do orbe de Marte,
Quase toda de sangue está coberta
Da gente condenada; essa cor rubra
Que mui bem se perceba em tal planeta
Tem nele a sua causa. Andam correndo
Por sobre o orbe maldito onças, panteras,
Leões e tigres, ursos esfaimados,
Despedaçando e devorando os homens
E mulheres também, cujas maldades
Cometidas em vida agora pagam.
Mas, qual de Prometeu no alto do Cáucaso
O fígado que o abutre devorava
Sem cessar renascia, e novo pasto
Era sempre daquela ave rapace
(Enquanto o grande Alcides ao tormento
Do triste agrilhoado não pôs termo,
Matando com suas frechas a ave imunda
E soltando o infeliz), assim os membros
Daqueles condenados novamente
Se organizam e juntam, e outras feras

De mais vezes comê-los, 'spedaçá-los
O cuidado não perdem. Ver devemos,
P'ra te mostrar alguns mais afamados
Dos tais facinorosos, mas de longe
Em segura distância. Agora um pouco
Podemos demorar-nos junto à Terra
Antes de ir mais acima; talvez 'stimes
Ver o que por lá vai. Eu travo o carro. –

VIII

Fizemos alto; pego no binóculo
De uma tal maravilha, e a linda Olímpia
Se serve de outro igual e me pergunta:
O que observas com mais curiosidade?
Eu respondi: Da câmara eletiva
Quero ver em Lisboa os afanosos
Serviços e trabalhos importantes.
Mas por enquanto *nicles*; já duas horas
São quase no relógio de São Bento,
E os operários inda não têm pressa
De entrar para a oficina. A nação paga-lhes
Para fabricar leis; trabalhar devem
E aparecer à hora designada.
Quando eu era estudante havia penas,
A nota de uma falta, se chegava
Depois da hora marcada para as aulas;
Ora quem faz tais leis não deve exemplo
Dar de pontualidade? Isto é mercado
Onde pode ir cada um quando bem queira?
Mas no mercado é o freguês quem paga;
E ali paga o país aos deputados
Para fazer leis boas. Pouco fazem
(E para isso bastavam três semanas),

E a paga eles recebem que compete
A três meses de bom e útil serviço!
   Lembra-me agora, quando essa reforma
Da Carta, que o Governo propusera
(P'ra que se não dissesse que faltava
No discurso da c'roa ao prometido),
A uma comissão foi consignada
Para esta dar par'cer, bem que pequena
E leve fosse a emenda pretendida
Para julgar a qual bastava um dia,
Foi necessário ser interpelada
A tal comissãozinha para dar contas
Da tarefa incumbida! Tão remissos
Nunca foram de Coimbra os estudantes
Em entregar aos lentes os trabalhos,
Dissertações chamados, e exercícios.
   Se nalgum dos planetas é punida
A preguiça, por certo lá devemos
Dos falecidos lusos deputados
A mor parte encontrar. – Enganadinho
Como estás, meu doutor! me torna Olímpia.
Sabe, amigo, que de essa tanta gente,
Que o popular mandato ansiosa busca,
Muito pouca, por certo, e à que no sétimo
Dos pecados mortais tem graves notas.
No primeiro e segundo a maior parte
Tem o caderno cheio, outros no sexto,
Alguns até no quarto; e não somente
'Stão neles compr'endidos deputados.
Mas dos pares do reino algum se conta
Que em todos estes quatro dos tais sete
Têm o cartório cheio. Os iracundos
Vão p'ra Marte, os soberbos p'ra Saturno;
E se Mercúrio houvesses visitado

Verias muitos outros, que de alheias
Posições e fortunas usurparem
De consciência não têm o menor 'scrúpulo.
  Mas de esse tal mercado que tu dizes,
Porque já são agora os dias últimos,
De arranjar seus negócios só se importa
Todo o feirante esperto; a nação tenha
O dever de aturá-los e mantê-los
Para deixar andar as coisas públicas
Na desordem que estão. Por isso avante
Será melhor que vamos em demanda
Do planeta que fora ao grande Kepler
Assunto de trabalhos os mais úteis
À moderna e segura astronomia (5).

IX

O carro destravou, seguindo o rumo
Para o planeta Marte, e continuava
Minha ilustrada e amável companheira:
– Por ser dos mais excêntricos, podiam
De este astro as posições bem observadas,
Melhor que outras, guiar o hábil astrónomo
A descobrir a causa verdadeira
Das diferenças co' a órbita suposta.
Nem inda a curva oval, pior o círculo,
Satisfazer podiam; só a elipse,
Tendo o Sol num dos focos, se adaptava
Das fiéis observações às exigências.
  Uma das leis famosas, que este sábio
Primeiro descobriu, fica evidente;
E não tarda em achar a lei das áreas.
P'ra obter porém a relação incógnita
Entre os eixos maiores das suas órbitas

E os tempos despendidos no percurso
Das mesmas, p'ra os planetas diferentes,
Vinte e dois anos foram necessários
De observações, de cálculos, trabalhos,
Conjeturas e inúteis tentativas!
Mas do sábio a paciência, a habilidade,
Vigoroso talento venceu tudo;
E co' as leis imortais que honram seu nome
A Newton preparou todo o caminho
Para a lei da atração, se é que primeiro
Não foi já pelo pobre e sábio Kepler
Em parte suspeitada. Homem tão célebre,
Tão útil à ciência, à humanidade,
Lutou co' a desventura, co' a miséria;
Como ajudante do famoso Tycho[1],
Pequeno vencimento consignado
Foi a tão grande astrónomo, e esse mesmo
Miserável 'stipêndio tão mal pago
Lhe costumava ser, que o pobre sábio,
P'ra não morrer de fome, usou da indústria
De fazer repertórios com prognósticos,
Juízos d'ano e quejandas frioleiras
De lavradores e outra gente crédula! –

X

Muito bem, muito bem, disse eu; não pouco
Mostras saber de ciências astronómicas.
– E que tem isso? Admira-te? Não sabes
Que em Coimbra alguma cousa aprender pude?
(Me torna prontamente a esperta Olímpia).

---

[1] Tycho Brahe (1546-1601), astrónomo dinamarquês cujos registos feitos sobre o planeta Marte permitiram a Kepler descobrir as leis dos movimentos dos planetas.

De uns doutores da tua faculdade
A favorita fui por muito tempo,
E até na minha casa várias vezes
Sobre as *tábuas da lua* alguns trabalhos
Um deles adiantou, enquanto os outros
No cavaco comigo se entretinham
E, à falta de outro assunto, conversávamos
Em coisas de ciência e biografias.
Mas deixemos agora a astronomia;
E por estarmos perto já de Marte,
Torna a mão a lançar do teu binóculo
E, quais aves voando, avistar vamos,
Circundando este globo, os vários sítios
Por onde errantes correm os perversos
Cains de todo o tempo, e que são pasto
De demónios cruéis transfigurados
Em ursos, tigres, lobos o outras feras.

Fim do canto terceiro.

NOTAS AO CANTO TERCEIRO

(1)

O episódio de Genebra e Ariodante no *Orlando Furioso* começa pelo do fim do 4.º, continua em todo o 5.º e conclui-se no 6.º canto daquele belíssimo poema de Ariosto.

(2)

Veja-se a novela de Walter Scott intitulada *O Ancião dos cemitérios* ou *Os Puritanos da Escócia*.

(3)

Natura il fece e poi rupe la stampa.

Ariosto, *Orl. Fur.* canto X est. 84.

(4)

Pelo ano de 1852 e seguintes floresceu em Coimbra uma rapariga, que de um dos seus primeiros amantes herdou o alcunho de *Gaia*. Outro era o seu nome do batismo, mas como ela em 1855 tinha escolhido e gostava de ser chamada Olímpia, é com este nome designada no curso do poema. Por esse ano e já antes estava ela por conta de três lentes da Universidade e mais um quarto sócio que não era lente. Mais tarde, dissolvendo-se a sociedade, Olímpia ficou ainda em Coimbra recebendo visitas, mas pouco depois foi para Lisboa e contratou-se numa companhia dramática. Morreu daí a alguns anos.

(5)

João Kepler, o maior astrónomo dos tempos modernos, nasceu em Magstat em 27 de dezembro de 1571 e faleceu em Ratisbonna em 5 de novembro de 1630, indo lá reclamar o pagamento dos seus ordenados em débito.

Lutando com dificuldades para seguir os estudos, deveu à proteção do Duque de Wertemberg entrar para um dos colégios sustentados por este príncipe; foi depois estudar na Universidade de Tubinguen e aí recebeu graus em 1589 e 1591.

Por comprazer ao seu protetor, aceitou em 1593, sucedendo a Stadio, a cadeira de matemática e de moral em Gratz, e acabou por se dedicar com gosto e vontade aos estudos astronómicos. Perturbações políticas e religiosas o obrigaram a expatriar-se em 1598; em 1600 regressou a Gratz, mas novamente teve de fugir.

Foragido e sem fortuna, procurou em Praga a Tycho Brahe, o qual pôde obter-lhe uma pequena colocação como matemático imperial e seu ajudante de astronomia; mas não só era pequeno o ordenado que se lhe abonava, mas ainda esse muitíssimo mal pago. Aquele patriarca da astronomia moderna teve de recorrer à indústria de *Borda d'Água*, para arranjar pão para si e sua família!

Em 1613 foi nomeado professor de matemática em Lintz, e em 1629 passou a ensinar a mesma disciplina em Sagan.

São muitos e importantíssimos os trabalhos deste sábio astrónomo.

Foi Kepler o primeiro que, pela teoria das refrações e antes de Scheiner, deduziu *a priori* a forma elíptica dos discos do Sol e da Lua no horizonte. Suspeitou a rotação do Sol e a de Júpiter; devem-se-lhe as *Tábuas Rudolfinas*, as primeiras tábuas astronómicas calculadas sobre a verdadeira hipótese dos movimentos celestes. Sobretudo, na obra que mais o ilustra, *Astronomia nova sive physica caelestis tradita commentariis de motibus stellae Martis*, com as famosas leis que descobriu sobre os movimentos dos planetas, e que imortalizam o seu nome, abriu as portas à verdadeira astronomia e tornou-se o precursor de Newton e de Laplace.

CANTO QUARTO

VIAGEM AÉREA EM TORNO DO PLANETA MARTE

I

A poucos metros já de uma elevada
Serra do orbe de Marte nos achávamos,
E solitária avisto entre fraguedos
Uma dama afanosa que par'cia
Chorar desesperada e lamentar-se,
Com frenezi 'sfregando as mãos nas pedras.
Então calco o botão do meu binóculo
Para melhor ouvir os seus lamentos,
E escuto entre gemidos estas frases:
– Vai-te daqui, maldita, ó mancha infame;
De remorso e tormentos alguns séculos
Te deveram lavar, e tu persistes,
Persistes em marcar nesta mão réproba
O meu nefando crime. Ai, régia c'roa,
Por cuja causa tanto sangue e lágrimas
Ser derramado fiz, quantos tormentos
E remorsos cruéis ora me custas! –
　　Curioso me tornei e digo a Olímpia:
Mais perto nos cheguemos, se me é lícito
Poder interrogá-la. A amável jovem
Acede prontamente ao meu pedido,
E perto já da desditosa dama
Gritei: Ó alma aflita e desgraçada,
Se o confessar o crime te dá alívio,
Ouvir desejo a história dos teus erros.

– Ó tu, me disse então a condenada,
Que vens ver a morada dos perversos,
De dois ambiciosos desumanos
Ouve os horríveis, espantosos crimes.
    Em vida fui na Escócia ilustre dama,
Esposa de Macbeth, senhor de Glamis,
General e parente do rei Duncan.
Valente e destemido, o meu consorte
Era um raio no campo das batalhas,
Mas o amor das grandezas, poderio,
Que a nós dois dominava, achava pouco
A glória só das armas. Quando o bravo
Num dia de vitória regressava
Soberbo do seu mérito, a encontrá-lo
Correram pressurosas do Destino
As juradas irmãs, infames bruxas,
E de Cawdor senhor o proclamaram,
Mais inda rei da Escócia; o ilustre Banquo
De reis progenitor ali saudado
Foi também pelas mesmas profetisas.
    O generoso rei, que aos bons serviços
De Macbeth vitorioso quis dar prémio,
De Cawdor dá-lhe o título, que vago
Acabava de ser, e assim cumprido
Viu meu 'sposo o primeiro vaticínio.
Que mais faltava a uma alma devorada
Toda pela ambição? Tinham-lhe as bruxas
Da Escócia o régio trono prometido,
E cumprido devia ser o oráculo,
Fosse embora preciso sobre o sangue
E cadáver do seu monarca e amigo
Subir dele os degraus. Irresoluto
Em cometer tão grande atrocidade
Era porém Macbeth; minha coragem

O consorte animou ao regicídio,
E eu mesma a apunhalar aquele príncipe
Co' estas mãos ajudei, quando uma noite,
Mais uma vez honrando o meu castelo,
Veio nele hospedar-se. Ai, mancha horrível
De sangue, humano sangue, aqui 'stá sempre
Nesta maldita mão!

II

           Da Escócia o trono
Chegámos a ocupar, porém segura
Não 'stava a dinastia; as mesmas bruxas,
Que a nós a régia c'roa prometeram,
Haviam declarado que de Banquo
Teriam de reinar os descendentes.
Um crime arrasta a dois, a três e a muitos;
Nova traição juntámos à primeira,
E de Banquo e seu filho preparámos
Numa emboscada a morte. Apunhalado
Cai o pai pelos ferros dos sicários
Que tínhamos comprado, mas Fleâncio,
O filho desta vítima, escapar-se
E fugir pôde à morte, aos assassinos.
   Frustrado o nosso intento, segue-se outra
Contrariedade a transtornar o gozo
E prazer de reinar. Lauto banquete
Da corte aos grandes, nobres e senhores,
Com majestade e pompa dar quisemos;
E (quem diria!) o espetro do valente
E assassinado Banquo se apresenta,
Visível só p'ra o rei, a incriminá-lo
Co' a funesta presença. A horrível vista
Perturba do meu 'sposo a força d'alma;

O covarde tem medo, e solta frases
Esconjurando o espetro a retirar-se.
Enganei todavia os meus convivas,
Dizendo ser moléstia passageira
Que às vezes meu consorte atormentava;
Mas da festa o prazer ficou perdido,
E na mente do rei não cessa a imagem,
A funesta visão daquele espetro,
De inquietar a razão, té que de novo
Se resolve a buscar as feiticeiras
P'ra saber o futuro.

III

                    À horrível gruta
Das irmãs do Destino o rei da Escócia
Desceu a interrogá-las. Ouvir queres,
As bruxas lhe disseram, de nós mesmas,
Ou dos demónios, nossos mestres e amos,
Os vaticínios? Falem os demónios,
Disse o rei. De um trovão acompanhado,
Um fantasma da terra se levanta
(Cabeça e capacete) e diz ao príncipe:
Macbeth, Macbeth, Macbeth, acautelar-te
Deverás de Macduf, senhor de Fife.
Depois outro fantasma (era um menino
Ensanguentado todo) lhe aparece:
Macbeth, Macbeth, Macbeth, ser sanguinário
E destemido podes; nenhum homem
Nascido de mulher matar-te deve.
Inda veio terceiro (outro menino,
Mas c'roado e na mão trazendo um ramo):
Como um leão, Macbeth, sê corajoso;
Invencível serás enquanto o bosque

De Birnam não marchar ao teu encontro
P'ra combater contigo em Dunsinane.
   Tais dos demónios foram os conselhos,
E o intruso rei da Escócia inda mais vítimas
Determinou fazer. Macduf havia
Fugido p'ra Inglaterra; mas as folhas
Dos punhais assassinos encontraram
A esposa e filhos do senhor de Fife.

IV

Quem do crime o caminho adota e segue
Tem, cedo ou tarde, a punição devida.
Tanto sangue inocente derramado
Estava reclamando asp'ro castigo,
E para destronar-nos chegam tropas
De Inglaterra; Macduf as acompanha
Para da Escócia colocar no trono
Malcolmo, do rei Duncan nobre filho.
   P'ra melhor ocultar a marcha sua
E desapercebidos surpr'ender-nos,
De Birnam na floresta um ramo corta
Cada soldado, e segue caminhando
Ante si tendo o ramo p'ra encobrir-se.
Um bosque em movimento figurava
Aquela expedição; cumprido o oráculo
Não deixava de ser! Quando eram próximos,
Largando os ramos, puxam das espadas,
E o combate se trava. O meu consorte
Do segundo demónio nas promessas
Inda tem confiança, mas de frente
Se apresenta Macduf, vingando a pátria,
Vingando esposa e filhos. Do materno
Ventre tirado fora, e não nascido!

Caiu a usurpação. Falara o inferno
A verdade, iludindo os ambiciosos;
E agora neste reino dos tormentos
Somos pasto das feras esfaimadas. –

V

Tinha Lady Macbeth a narrativa
Apenas concluído dos seus crimes,
Eis que de lobos chega uma alcateia
Uivando ferozmente; a desgraçada
Asilo onde se esconda em vão procura,
(Nem lícito nos era o facultar-lhe
O nosso palanquim), e dos vorazes
Carniceiros quadrúpedes é presa.
Não quis ver mais; ao carro então fazendo
Tomar um outro rumo, para Olímpia
Disse: Que exemplo horrível esta dama
É para os ambiciosos! Devorada
Agora pelos lobos e outras feras,
Já lhe não aproveitam os remorsos
De haver tirado a vida ao rei da Escócia,
Ingratidão enorme cometendo,
E traição juntamente. De outras damas
Como esta ambiciosas e assassinas
Por certo inda há cá mais. Lucrécia Bórgia,
Dize, está aqui também? – 'Stá, vamos vê-la,
Responde a minha boa companheira;
De essa família há aqui bastante gente,
Inclusive o Alexandre, que de Pedro
Já a barca dirigiu p'ra mal da Igreja.
Adúltero, assassino, incestuoso,
Bulhento co' os vizinhos dos seus 'stados,
Avarento e ladrão, de vício e crimes

Um armazém era Alexandre Sexto.[1]
Mas agora, com toda a parentela
Que em copos de ouro ministrava aos hóspedes
Vinho de Siracusa, aos esfaimados
E sedentos de sangue horrendos brutos
Dão p'ra alimento o sangue, a carne e os ossos!
Olha, eles lá estão naquele vale
Assaltados por tigres e panteras,
Ursos e javalis. Por um leopardo
'Stá a ser dilacerado o vil Gubeta
Que a devassa Lucrécia auxiliava
Nos crimes e homicídios. – Do binóculo
Me sirvo novamente; avisto os Bórgias
Buscando contra as feras defender-se,
E entre eles conheci Sexto Alexandre.

VI

Do palanquim o voo acelerando,
Disse-me Olímpia: – Agora mais adiante
Vamos ver a planura onde hoje as almas
De alguns dos gibelinos, e dos guelfos
Em muita quantidade, o ventre fartam
De esfaimados leões. Entre os primeiros
Ezzelino o tirano se distingue
Por chefe principal. Dos *condottieri*
Era o mais valoroso no seu tempo;
Mas não basta uma boa qualidade,
Inda de muito e grande mer'cimento,
P'ra respeitável ser. Tais crueldades,
Vilanias ferozes e outros muitos

---

[1] Papa Alexandre VI (1492-1503), pertencente à família dos Bórgias e de quem Savonarola dizia que não era um verdadeiro papa, pois não era cristão nem acreditava em Deus.

Horrores praticou na Lombardia,
Que chamado ficou devidamente
O *Flagelo de Deus*. Depois que em Pádua
Entrou triunfante, as rédeas soltou logo
Às maiores cruezas; dentro em pouco,
Conquistada Bassano e outras cidades,
Prisões, execuções, confiscos eram
Os seguimentos certos das vitórias.
Fez de Pádua e Verona as mais ilustres
Exterminar famílias; a mais leve
Suspeita, a acusação menos fundada,
A menor distinção pelo talento,
Nascimento ou riqueza, eram motivos
Para prisões, condenações sumárias!
Por ordem sua assassinadas vítimas
(Mais de cinquenta mil!) a glória mancham
Que ao seu valor podia ser devida.

VII

Se um general tão bárbaro e inumano
Não dá honra ao partido gibelino,
Dos guelfos a fação não conta menos
Um chefe detestável e execrando.
É Bonifácio Oitavo esse velhaco,
A traiçoeira serpente, que do Quinto
Celestino a tiara pretendendo,
Sugestões e artimanhas tais emprega
P'ra turbar-lhe a pequena inteligência,
Que o leva a resignar da Igreja as chaves,
Facto novo na história do papado,
Que mais não foi seguido. Eleito em Nápoles,
Ao imbecil sucede, e seu cuidado
Primeiro é prevenir que reintegrado

Não seja o antecessor; faz rigorosa
Detenção conservar-lhe, e que abrevia
Do pobre Celestino a inútil vida.
Depois canonizou-o! Assim da antiga
Roma o senado ao povo impingir soube
Que entre os deuses viver fora o seu Rómulo
(Pelos padres conscritos feito em postas!).
      Seguro no poder, com toda a força
Lutou contra o partido gibelino.
Da família Colonna, cujos membros
Principais muito haviam contribuído
Para a sua eleição, derruba as casas,
Os castelos arrasa, e a banir chega
Esses a quem devia o ser levado
Ao sólio pontifício. Uns cinco séculos
Mais tarde imitador teve entre os lusos
No Bispo Lobo, que, em Viseu metido
Em secreto processo por perjuro
E traidor ao partido, a vida deve
A um nobre cavalheiro, ilustre chefe
De distinta família; agradecido
Soube mostrar-se o bispo renegado,
Fazendo que os miguéis mais perseguissem,
Entre outras, a família Silva Mendes!
      Co' o poder temporal também na luta
Se tornou singular o Bonifácio,
Querendo com soberba e teimosia
Tornar-se outro Gregório (1), pretendendo
Que fossem seus vassalos os monarcas,
E os diversos países dependências
Fossem todos dos 'stados pontifícios.
– Mas diz-me, então pergunto, esse patife
Não 'stá no Malebolge (2)? O ilustre Dante,
Quando foi, por Virgílio acompanhado,

Ver no inferno os recintos que pertencem
Aos diversos delitos, com certeza,
Se bem lembrado estou, diz que esperado
Era ele já por Nicolau Terceiro
E por muitos mais outros simoníacos.
Foi p'ra lá ou 'stá aqui? – 'Stá aqui agora,
Mas 'steve em Malebolge. As numerosas
Caravanas de padres de tais manhas
E até de gente leiga que especula
Co' o culto e devoção p'ra obter consórcios
Com noivas ricas, e outros dessa laia,
Encheram, há já muito, aquele círculo,
E tornou-se forçoso uns suplementos
Algures procurar. P'ra o orbe de Marte
Vir pertenceu a Bonifácio Oitavo.
    Mas lá 'stão eles, olha. – Um campo extenso
Então avisto de soldados, padres,
Generais e prelados, todo cheio;
De inúmeros leões uma caterva
A fazer 'stava nesses infelizes
O mesmo que Voltaire (*co' os seus queixos*,
P'ra mostrar a Piron que se enganava)
Fazia nas assadas costeletas.
Daqueles carniceiros era a fome
Tão grande e desesp'rada, que três vezes
O Papa Bonifácio, renascendo,
O vi ser devorado pelo mesmo
Ministro punidor dos seus delidos.

VIII

Foi já na Idade Média (eu digo a Olímpia,
Que ao palanquim marcava um novo rumo)
Pelas fações dos guelfos e contrários

Dilacerada a nobre e bela Itália;
Mas hoje no ocidente é pelos bárbaros,
Desumanos carlistas desgraçada
A nação espanhola. Um pretendente,
Ou aliás infame aventureiro,
Guerrilhas e bandidos congregando,
Comandando intrigantes e fanáticos,
Salteadores até, não se envergonha
De cometer enormes vandalismos.
  Já de Molina o Conde andou sete anos
Infestando as províncias vascongadas,
Lutos, mortes, desgraças, orfandades
Causando no país que o repelia.
Com razão fora na formosa Espanha
Abolida a lei sálica; o direito
P'ra a c'roa receber de São Fernando
Mais não cabia ao Conde de Molina.
Mas a ambição do infante o faz rebelde,
E rompe contra tudo e contra a pátria;
Dos espanhóis sete anos foi tormento,
Té que foi suplantada a rebeldia.
  Mas na família não se extingue a esp'rança
De usurpar o poder e a realeza;
Um outro Carlos, filho do tal súcio,
Se diz herdeiro do direito ao trono
E, como o pai, repele a tentativa,
Nova revolta e guerras levantando.
Foi vencido também, mas invencida
Ficou a pretensão; herda um sobrinho
Do tio e do avô a teimosia,
A ambição, e aumentada a crueldade.
  Este Carlos, terceiro pretendente,
Do país as internas dissidências
De aproveitar se lembra, como quando

Alguém corre a pescar nas águas turvas;
Mas esquece o insensato que não tinha
Da nação a vontade p'ra aceitá-lo.
Co' a revolta de Cádis derrubado
O trono de Isabel, não soa um *viva*
Sequer em seu favor; quando nas cortes
Constituintes se discute a forma
Do governo da Espanha, um só sufrágio
Não tem que o recomende. Entre uns fanáticos,
Bandoleiros, ladrões, facinorosos,
E aventureiros que fortuna tentam,
Foi porém procurar cabos, soldados,
E organizar guerrilhas e brigadas
P'ra vir *impor-se à força* a toda a Espanha!
     Foi só desunião de outros partidos
Que dera algumas forças aos carlistas;
E ei-los cercando praças, bombardeando
Cidades populosas, os viajantes
Despojando e roubando nas estradas,
Impondo aos povoados grandes somas,
Saqueando até, incendiando as casas,
'Spingardeando e matando os prisioneiros,
E o direito das gentes transgredindo.
Cometer tantos roubos, tantas mortes,
A fome introduzir nalgumas praças
Que têm com honra e brio sustentado
O seu posto e dever, são as *virtudes*
De esses *honestos, nobres defensores*
Do trono e do altar. Estes rebeldes,
Vândalos, homicidas, incendiários,
Salteadores, não deixam com certeza
De ter aqui já grande contingente?
– Já cá 'stão muitos, me responde a bela,
E mais hão de chegar. Vamos já vê-los,

Mas não sós; andam juntos com mais outros
Criminosos de igual ou mesma escola.
Os cantonais de Alcoy e Cartagena,
De Paris os malvados comunistas,
Infames petroleiros e assassinos,
Também 'stão co' os carlistas misturados.

IX

Das ideias mais nobres, mais sagradas,
Abusam sempre os biltres, os velhacos,
Impostores e hipócritas; disfarçam
Com tal pretexto a verdadeira causa
Que faz pegar na espada ou na clavina
Os homens guerrilheiros, que da pena
De publicista usar faz escritores.
Uns e outros de levar ao seu moinho
As águas cuidam só, do povo ignaro
Logrando a boa fé, e sobre os olhos
Lançando-lhes poeira; assim conseguem
Uns conquistar patentes elevadas
Com bom soldo e proventos, outros sobem
Sobre a credulidade dos votantes
A figurar nas altas assembleias
Para a nação reger. Mas todos eles
De comer cuidam só do povo à custa.
   Do cristianismo abusam os hipócritas,
Formando associações desnecessárias,
Mentirosas até; da liberdade
E da fraternidade o nome invocam
Velhacos de outra escola. E mentem todos,
Procurando iludir-se mutuamente,
Furtar, roubar cada um o mais que pode,
E rir-se dos papalvos... Mas repara,

Lá 'stão a ser comidos, 'spedaçados
Por tigres e por ursos os sujeitos
De que há pouco falávamos, que a vida
Na terra já findaram, e que pagam
Agora as crueldades cometidas.
De escritores maraus inda há cá poucos
Por poder pertencer-lhes outras penas,
E alguns inda são vivos; mas de padres
Sanguinários, cruéis, há já bastantes
Apesar de faltar de Urgel o Bispo,
O Cura Santa Cruz e outros carlistas,
Por não terem ainda falecido. –
    Olhei; vi rancho enorme de panteras,
Ursos, leões, hienas às dentadas
Naqueles condenados. Procurando
Achar algum mitrado, diz-me Olímpia:
– Noutro vale à direita encontrar podes
Muitos patrícios nossos, e hás de entre eles
Achar o Bispo Lobo, o renegado. –
Segui a indicação, e vi o infame
Por dois ursos partido meio a meio;
Mas descobrindo perto um outro réprobo
Com farda militar entre alguns homens,
Uns togados, o resto militares
Como o tal figurão, e que iam prestes
De sete hienas ser devido pasto,
Perguntei: Quem serão aqueles sete?

X

Marcando um outro rumo ao carro aéreo,
Minha bela instrutora principia
À pergunta que eu fiz dando a resposta:
– Pela mãe incitado e inda por outros

Conselheiros devassos e perversos,
O Infante Dom Miguel se fez perjuro
Ao pacto que fizera em Viena d'Áustria.
Levado a tal excesso e vilania,
E p'ra fazer seguro o absolutismo,
Dissolve o parlamento, quebrantando
Solenes juramentos e promessas.
Em Portugal campeia a intolerância,
De liberais os cárceres são cheios,
E o infante usurpador cria uma alçada
E forcas levantar manda no reino.
    São do Conde de Basto, do Bezerra,
E de outros miguelistas sanguinários
Tornadas legendárias as façanhas
Na crueldade e bárbaras sentenças.
Nem todo o liberal aos desumanos
Monstros pode fugir; se homiziados,
Se outros na emigração a morte evitam,
Muitos outros são vítimas dos bárbaros.
E não são só os chefes de família
Os perseguidos; 'sposas inocentes,
Filhas e filhos sofrem os horrores
Já da guerra civil, já dos verdugos.
    Das várias comissões, sedentos monstros
De sangue humano, a mais inexorável,
Mais cruel, mais infame, em Viseu tinha
A sede designada. Era composta
Do general Moscoso, presidente,
E de mais seis vogais, que assim deixaram
De si negra memória. Há pouco os viste,
Esse grupo dos sete, em presa às feras,
De tais biltres congéneres figuras (3).
Tal foi a intolerância do malvado
Tribunal de Viseu, que compassivo

Ninguém deixava ser; a caridade
Até como um delito era punida!
De fome e frio, de miséria extrema,
Depois de haver sofrido horrores tantos
Alguns dos sentenciados, pelas balas
Varados das guerrilhas miguelinas,
Foram por muitas horas espetáculo
P'ra o povo religioso e p'ra as beatas.
Que bons cristãos aqueles miguelistas!

Fim do canto quarto.

NOTAS AO CANTO QUARTO

(1)

O papa Gregório VII.

(2)

INFERNO

CANTO XVIII

Luogo è 'n inferno detto Malebolge
    Tutto di pietra e di color ferrigno,
    Come la cerchia, che d'intorno il volge.
Nel dritto mezzo del campo maligno
    Vaneggia un pozzo assai largo e profondo,
    Di cu' in suo luogo dicerò l'ordigno.
....
....

CANTO XIX

O Simon mago, o miseri seguaci,
    Che le cose di Dio, che di bontate,
    Deono essere spose, e voí, rapaci,
Per oro e per argento adulterate;
    Or convien che per voi suoni la tromba,
    Perocchè nella terza bolgia state.
Già eravamo alla seguente tomba
    Montali dello scoglio in quella parte,

C'appunto sopra 'l mezzo fosso piomba.
O somma sapienza quant' è l'arte,
   Che mostri in cielo, in terra e nel mal mondo,
   E quanto giusto tua virtú comparte!
I' vidi per le coste e per lo fondo,
   Piena la pietra livida di fori
   D'un largo tutti, e ciascuno era tondo.
Non mi porèn meno ampi, nè maggiori
   Che quei, che son nel mio bel san Giovanni,
   Fati per luogo de' batezzatôri.
L'un deli quali, ancor non è molt'anni,
   Rupp'io per un, che dentro v'annegava,
   E questo sia suggel, c'ogni uomo isganni.
Fuor della boca a ciascun soperchiava
   D'un peccator li piedi, e d'elle gambe
   In fino al grosso, e l'altro dentro stava.
Le piante erano accese a tuti intrambe:
   Perchè si forte guizzavan le giunte,
   Che spezzate averian ritorte e strambe.
Qual suole il fiammeggiar delie cose unte
   Muoversi pur su per l'estrema buccia.
   Tal era li da' calcagni alle punte.
Chi è colui, maestro, che si cruccia,
   Guizzando, più che gli altri suoi consorti,
   Diss'io, e cui più rozza fiamma succia?
Ed egli a me: Se tu vuoi, ch' i' ti porti
   Laggiù per quella ripa, che più giace,
   Da lui saprai di sè, e de' suoi torti.
Ed io: Tanto m' è bel, quanto ti piace;
   Tu sè signore, e sai, ch' i' non mi parto
   Dal tuo volere, e sai, quel, che si tace.
Allor venimmo in sull' argine quarto:
   Volgemmo e discendemmo a mano stanca
   Laggiù nel fondo foracchiato ed arto.

E'l buon maestro ancor dalla sua anca
   Non mi dipose, sin mi giunse ai rotto
   Di quei' che si piangeva con la zanca.
O qual che se', che 'l disù tien di sotto,
   Anima trista, come pal commessa,
   Comincia' io a dir, se puoi, fá motto.
Io stava, come 'l frate, che confessa
   Lo perfido assassin, che poi, ch'è fitto,
   Richiama lui, perchè la morte cessa:
Ed ei grido: Se' tu già costì ritto,
   Se' tu già costì ritto, Bonifazio?
   Di parecchi anni mi mentie lo scritto.
Se' tu sì tosto di quell'aver sazio,
   Por lo qual non temesti torre a 'nganno
   La bella donna, e di poi farne strazio?

....

....

DANTE, *Divina Commedia.*

(3)

CRÓNICA CONSTITUCIONAL DO PORTO

EXECUÇÕES EM VISEU

Para que o público tenha notícia do que está praticando a comissão de Viseu, publicamos a seguinte carta daquela cidade.

«Meu amigo: – Saberá que na terça feira 23 de outubro (1832), foram padecer mais seis inocentes vítimas no largo chamado de Santa Cristina, que com as anteriores fazem o número de *dezessete.*

....

A caridade, essa virtude aqui foragida, é reprovada, odiada e lida como um crime; nem se pode dar a menor demonstração de sensibilidade; faz-se crime àquelas pessoas que nos dias das execuções fogem da cidade, e vão derramar lágrimas em algum deserto.

....

(*Crónica Constitucional do Porto*, de 8 de dezembro de 1832.)

OS ASSASSINOS DE VISEU

Foram assassinados pelos monstros que compõem o tribunal de sangue, estabelecido em Viseu, os padres António Alberto Pereira Pinto, Caetano José Pinheiro, e Laureano António Pinto de Noronha, naturais das vizinhanças das Caldas de Arego.

Foi espingardeado a 10 de outubro passado o patriota Frei Simão, cuja severidade de alma e firmeza, no meio dos tormentos que padeceu, chegou a assombrar os próprios algozes que o condenaram. Padeceram morte mais sete vítimas, que todos jazem enterrados em Codessos, ou antes em um fosso, aonde costumam lançar-se os animais mortos!...

Mais sete homens, seis dos quais eram espanhóis, foram no terreiro de Santa Cristina fuzilados pelas guerrilhas miguelistas, em virtude de outra sentença da referida comissão. Os nomes dos membros dela são os seguintes:

O general da província, Luís António de Salazar Moscoso.

O provedor Francisco de Assis Ribeiro Saraiva.

O tenente coronel José Paulo de Carvalho.

O corregedor Francisco Arrais de Vilhena.

O juiz de fora Luís Ribeiro de Almeida Vasconcelos.

O major João de Azevedo.

O capitão de infanteria *fulano* de Vasconcelos.

Por ocasião do último assassinato jurídico do campo do Santa Cristina, se juntou grande número de gente da ínfima plebe dançando à roda dos cadáveres, que jaziam ensanguentados no chão, aonde estiveram todo o dia, servindo de espetáculo de alegria e folgança à multidão de canibais, que, só depois de completamente embriagada, deixou o campo. Dizem que entre os malvados que figuraram nesta horrível orgia se contavam frades, e até algumas mulheres conhecidas por beatas e confessadas dos religiosos mais fanáticos!

A maior parte dos infelizes que se acham presos nas cadeias entregues à comissão, suspiram pelo instante de perder as vidas às mãos dos bárbaros; tais são os tormentos que sofrem!

Acham-se todos os presos nas enxovias sem cama, sem cobertura, e finando-se de miséria e fome; e como se ainda isto não fosse bastante, recebem de contínuo insultos e tratos, que fazem estremecer os corações menos compassivos. Algumas pessoas, ou antes a maior parte das famílias de Viseu, quereriam, e têm tentado, levar socorros ao fundo dos cárceres aonde estão enterradas as vítimas da honra e da fidelidade portuguesa; porém não ousam: um ato de beneficência teria o efeito infalível de levar o benfeitor à mansão dos socorridos: e por isso, se alguma esmola pode penetrar dentro das masmorras, é à custa de trabalhos e perigos.

A época da usurpação de D. Miguel é fértil em barbaridades: há nomes clássicos entre os executores das tiranias do usurpador; quem não conhece Teles Jordão, Castro do Rio, conde de Basto, e, enquanto a nós, o sobre todos detestável visconde de Santarém? Quem se não horrorizará à simples menção da palavra alçada? Lisboa e Porto principalmente conservarão por muitos anos a memória dos membros dessas juntas de facinorosos, a quem D. Miguel entregou punhais para arrancarem a vida a seus concidadãos. Porém, as façanhas de tanto infame ficarão escurecidas pela comissão de Viseu. Pouco sabemos da história de seus membros; mas conhecemos bem o presidente, que também nos conhece a nós.

Este estúpido e covarde militar, que achámos em Pernambuco, feito governador do forte denominado o forte do *Brum*, jamais viu o rosto ao inimigo no campo da batalha. Todo o seu mérito consistia em possuir um baú de papéis velhos, a que chamava leis militares; não que as citasse a propósito em caso nenhum, mas sim porque jamais ocorreu algum para decidir o qual não afirmasse que tinha a lei em casa.

No tempo em que parte dos povos daquela província se sublevou em 1821, quando começou a aparecer o espírito de independência, o brigadeiro Salazar pediu ao capitão general que o não fizesse sair do forte de *Brum*, porque a não ser lá, não tinha aonde aquartelar um *rebanho de filhos a quem era obrigado a sustentar.*

Ao mesmo tempo que protestava a sua fidelidade ao governo da metrópole, que o sustentava, se entendia com os rebeldes a quem ofereceu os seus serviços – serviços que eles não quiseram; e fazendo mais justiça ao carácter do homem do que os seus compatriotas portugueses, o puseram fora. Veio a Lisboa jurar que era constitucional, e ele era verdadeiramente o presidente da comissão de Viseu.

(*Crónica Constitucional do Porto*, de 15 de dezembro de 1832.)

– Na sé de Viseu há um mausoléu onde se vê esculpido o seguinte epitáfio:

«Pro libertate, charta, et regina Maria II, nefando judicio insontes damnati, et trucidati ano 1832 et 1833.»
«Pela adesão à liberdade, carta e rainha D. Maria II, por iníquas sentenças foram inocentemente condenados e fuzilados no ano de 1832 e 1833:

Portugueses

Laureano António Pinto de Noronha, Caetano José Pinheiro, António Alberto Pereira Pinto Monte Roio, António da Maia, presbíteros seculares; Simão de Vasconcelos, presbítero cisterciense; Francisco de Sande Sarmento, Felisberto de Sande, José de Oliveira, José Maria de Oliveira, José Franco, António Joaquim Gonçalves, António Joaquim, António Homem de Figueiredo e Sousa, Joaquim José da Silva, Guilherme Nunes da Silva e Luís Ferreira da Costa.

Espanhóis

D. Pascoal Alpalhez, D. Eusébio Pascoal, D. Fernando Gutierres Galon, D. Bento José, D. António Himnes, D. Manuel Sanches de Garcia.

CANTO QUINTO

HISTÓRIA POLÍTICA E ASTRONÓMICA DO PLANETA *LETES*; VIAGEM A VESTA

I

Gentis senhoras, damas respeitáveis
Que ledes o meu poema, por piedade,
Dois cantos podereis passar em claro.
Se os meus versos vos dão algum recreio,
E é certo que estimais ser instruídas
Da vida que se vive lá nos astros
(P'ra não dizer das grandes maroteiras
Que se fazem na terra), o seguimento
De estas minhas viagens filosóficas
Podereis esperar no orbe de Júpiter.
Lá sim, que é boa terra, e residência
Só têm homens de bem, damas honradas,
Como conhecereis mais claramente
Quando p'ra lá fizerdes *ablativo*,
Que eu vos desejo seja muito tarde
E, se assim o estimais, em companhia
De este criado vosso, inda que pouco
O mereça, e esperar menos o possa.
   Mas enquanto por cá vamos andando,
E porque a ociosidade é mãe dos vícios,
As horas que me sobram dos trabalhos
Nos senos e tangentes utilmente
Me parece empregar fazendo versos;
E nisto um nobre exemplo em vós encontro

Que, da vossa costura e outros lavores
P'ra descansar, os meus escritos ledes...
Estes dois cantos não. Severa crítica
Neles 'spero fazer às intrujonas
Que a nobreza e a valia do seu sexo
Desonram com seu vil procedimento.
Sei que não podem muito desgostar-vos
Algumas alusões, piadinhas mansas...
Inda mais que as de Casti; mas contudo,
Se melhor vos parece, ao canto sétimo
Passar podeis sem grave inconveniente.
P'ra que saber a história escandalosa
De uma Joana, a mãe da *Beltraneja*,
A de uma Leonor Teles e quejandas?
   Eu podia omitir essa visita
Que em companhia da formosa Gaia
Foi feita a um planeta dos pequenos,
Telescópicos, de esses que ignorados
Foram por tanto tempo, e que os da França,
De Inglaterra, da Rússia observatórios,
Uns mais que outros, por vezes têm achado;
(O de Coimbra, agora entre parêntesis,
Só descobre alguns ratos sobre a Lua,
Ou de São Sebastião a lanterninha).
Mas se assim procedesse, com certeza,
Respeitáveis senhoras, uma falta
Cometia de muita gravidade;
Deixava de cumprir todo o programa
Que do canto primeiro no princípio,
A modo de discurso de abertura,
Percebestes por certo. Homens de estado
No discurso da c'roa muitas cousas
Prometem ao país e nada cumprem;
Mas eu não sou ministro, e pagar quero,
Sempre que posso, as dívidas que faço.

II

A bela Olímpia tinha já acabado
De contar de Moscoso e seus colegas
As incríveis, infames crueldades,
Das quais a narração hoje na Beira
Horror inda produz, e eu, não querendo
Ver de mais sanguinários o castigo,
Lhe pedi p'ra deixar o orbe de Marte.
– Agora, diz-me Olímpia, de esses muitos
Pequeninos planetas acho inútil
Visitar um por um; são eles todos
Lugares de castigo, a um deles vamos
E será a Vesta[1], se me dás a escolha. –
'Scolher eu? respondi; tão pouco grato
Não me queiras julgar. Nada sei disso,
E se de vós explicações recebo,
A vós somente a direção compete.
Isto é razão bastante p'ra que a tua
Proposta prontamente me agradasse,
Mas em ver as vestais bem empregado
Me parece o passeio. Uma surpresa
É porém para mim a novidade
Que acabas de me dar; pois sendo tantos
Os pequenos planetas, nenhum deles
Pode ser escolhido p'ra almas boas?
– Dos asteroides vou contar-te a origem
(Me torna ela), e a razão por que são muitos;
Verás por sua história qual motivo
Os fez tomar p'ra sítio de tormentos.

---

[1] Vesta, descoberto pelo astrónomo alemão Heinrich Olbers em 1807, é um asteroide (recentemente promovido a protoplaneta), situado no cinturão de asteroides que existe entre as órbitas de Marte e Júpiter.

III

Havia antigamente um só planeta
Entre a órbita de Marte e a outra mais larga
Que Júpiter percorre, e a lei de Bode
O está mui claramente revelando.
Mas então, nesse tempo, os *pterodáctilos*,
Plesiosauros e inda outros bicharocos
Da terra os habitantes eram únicos
Nem queriam saber astronomia,
Como hoje inda não sabem todos esses
Animais que lá vivem, menos o homem.
Ora o planeta Letes (este o nome
Era do tal errante) habitadores
Tinha como hoje a Terra, e distinguiam-se
Por serem mais tratantes e marotos.
Ali coisa ignorada era a justiça,
A honradez, dignidade, e outras virtudes;
Os magistrados eram mais devassos
Que o povo a quem regiam; conciliábulos
Eram de falcatruas, bambochatas
De distrito os conselhos; finalmente
Custava a aparecer um hom' honrado
Numa qualquer cidade de tal astro.
   Mais que os homens não tinham brio ou honra
Os habitantes fêmeas; poucas damas
Havia que este nome bem mer'cessem.
A corrupção lavrava em toda a parte;
Se a vara da justiça em vez de reta
Nas mãos de alguns juízes se tornava
Numa curva de dupla curvatura,
Das senhoras o agrado, as meigas falas,
Nada mais eram que arteirosa indústria

Ou para alimentar loucas vaidades,
Ou p'ra caçar fortuna. Eram tão 'spertas
Na arte de pregar logro aos seus maridos,
Namorados, irmãos, tudo o que é homem,
Que por brutas e tolas reputavam
As que sincero amor nutrir quisessem;
E depois entre si gala faziam
Das suas brilhaturas e artimanhas,
E até de regateiras desenvoltas
Ostentavam por vezes *fino* trato.
Eu nunca vi anais de tanto escândalo
Como na história e crónicas dos povos
Habitadores do planeta Letes.

IV

Naquela região tal incremento
Tendo a devassidão desenvolvido,
Emenda radical o Autor dos mundos
Se lembra de aplicar; fez de repente
Dois pesados cometas concorrerem,
De cento e vinte graus fazendo um ângulo
As suas direções, de encontro ao réprobo
Planeta dos venais e marafonas.
Não era vaporosa ou transparente
A massa dos dois astros, como em muitos
Dos que hoje se conhecem. Denso núcleo,
Sem cauda ou cabeleira, constituía
Cada um dos tais cometas, e tão rápida
Era a velocidade de estes astros,
Que até do *eme vê dois* de qualquer deles
Medo podia ter o próprio Sírio (1).
   Qual no bilhar às vezes acontece
Bater sobre a vermelha ao mesmo tempo

De um lado e de outro a bola preta e a branca,
Marraram juntos no planeta Letes
Aqueles dois cometas, produzindo
Com carambola tal um cataclismo
Pior do que esse universal dilúvio,
Com que mais tarde foi também preciso
As terras inundar do orbe terráqueo
P'ra os descendentes de Caim perverso
Punir, como mer'ciam por seus crimes,
Uma família só deixando salva,
Porque era honrada e virtuosa a única.
Ao grande e duplo choque, efetuado
Co' uma tal força viva, não puderam
Resistir do planeta as várias rochas;
Esmigalhada em mais de cem pedaços
Ficou por tal embate a dos devassos
Habitação infame e condenada.
Da gente e de animais habitadores
Uns ficam esmagados, outros morrem
Afogados nas águas que inundaram
Os pedaços, fragmentos, e um somente
Nem sequer escapou. Pereceu tudo,
E nova geração não foi criada.

V

Começa então cada um dos estilhaços
A percorrer também alguma elipse
Por forças combinadas, a atrativa
E a resultante do famoso choque.
Diversas entre si, aquelas órbitas
Dos tais fragmentos do planeta Letes
Vão sendo pouco a pouco descobertas
Pelos trabalhos sérios e importantes

De astrónomos da *estranja*; os de Coimbra
Só fazem efemérides inúteis,
E para isso roubando os ajudantes,
Cujos lugares vagos vagos ficam.
Que os não querem providos os tais melros
Para o ordenado seu comerem eles.
Dizem até que um mouco dos expostos
Tem sua posta também nestes trabalhos
De fazer efemérides, e firma-lhes
Amigo da conróbia os manuscritos;
Que o tal calculador, um leigo sendo
Na ciência das grandezas, qual piloto
Aprende a trabalhar co' o *almanaque* (2)
E tábuas p'ra a marinha organizadas,
Materialmente uns cálculos numéricos
A fazer aprendeu para as *tarefas*
Dadas em comissão ficarem prontas.
E os tais calculadores *'straordinários*
Comem em comissão os ordenados
Que abonados do estado no orçamento
São para os ajudantes! Quando tinha
O bom Tomás d'Aquino a governança
E direção deste serviço público,
Nunca tais roubos, comedela infame,
Deixava praticar em prejuízo
Dos bacharéis, doutores, aos quais toca
Servir no Observatório. O tirocínio,
Vida, trabalhos, tempo consumido,
E até bens de fortuna, inda que poucos
Porque mais não havia, um resultado
Alcançar deveriam para abrigo
Contra a miséria e fome. Um dos amantes
Que tive em Coimbra, sendo promovido
A lente substituto, a dignidade

Soube manter, tarefas rejeitando
Porque, disse ele, há gente habilitada
À qual sendo devidas, era um roubo
Usurpar seu trabalho e vencimentos. –

VI

Mas quem é que te informa dessas coisas,
Essas misérias da famosa Coimbra?
Quando tu lá vivias, certamente
Inda o Doutor Rodrigo não chegara
A direção tomar do Observatório;
Como sabes de tantas maroteiras? –
Nossa aérea viagem prosseguindo,
Esta pergunta fiz à meiga Olímpia,
E ela: – Nada mais fácil (prontamente
Me respondeu, sorrindo) aos habitantes
Do esferoide de Júpiter, de Vénus,
De Neptuno também. Temos licença
De viajar por todo este sistema
Dos planetas do Sol, mas muitas vezes
Para saber da Terra novidades
Nem isso é necessário; os recém-vindos
Nos informam das cousas importantes.
    Quando ao Doutor Rufino foi de Júpiter
A habitação marcada no esferoide,
Eu, que lá 'stava então passando uns dias,
Lhe ouvi dizer que até ao próprio zero
O número chegou dos ajudantes,
E de estes o ordenado do orçamento
Os tais maraus dividem como querem
E pelos da conróbia. Depois dele
Inda cá não chegou outro algum lente
Da tua faculdade, mas das outras

Alguns lentes honrados falecidos
Têm confirmado a mesma comedela
De esse homem que dirige o Observatório.
　Próximos nós porém já vamos 'stando
De Vesta, um de esses muitos estilhaços,
E é preciso acabar deles a história.

VII

Como lá nos trabalhos das estradas
A *mac-adam*, sob o pesado malho
Do britador, ou rígida marreta,
Os duros seixos, o áspero granito,
Em variados fragmentos se divide
Com formas esquisitas, angulosas,
Uns poliedros sem norma, irregulares,
Assim pelas marradas dos cometas
Ficaram angulosos, desconformes,
Os estilhaços do planeta Letes.
Mas séculos de séculos correram,
E aqueles asteroides descreviam,
Cada um a órbita sua, com tais formas
Que lhes não permitiam permanentes
Eixos de rotação. Nenhum perigo,
Nenhum mal todavia resultava
De essa perturbação nos polos deles.
Habitantes não tinham; que importava
Que aos trambolhões andassem lá no espaço
Rolando p'ra a direita, para a esquerda,
As pedras e água sobre os tais fragmentos?
Mas para habitação de gente viva
Vir podendo a servir, se aproveitados
Fossem devidamente, prepará-los
Para tal fim mandou o Autor dos mundos.

Assim como na Terra a certos crimes
P'ra pena e correção são aplicados
Nos códigos penais trabalhos públicos;
Forçados às galés andam servindo
Muitos dos criminosos, com correntes
Aos pés, rude tarefa executando;
Também nas obras públicas celestes
Há que dar p'ra fazer aos condenados,
E para arredondar os estilhaços
De esse antigo planeta são mandadas
Fazer serviço as almas pervertidas
De esposas infiéis aos seus consortes.
Mas não são estas sós. Falsas amantes,
Que a mira têm no lucro, e que se vendem
A quem mais dá; devassas prostitutas
De uma alta posição, que esconder buscam
Tais fraquezas com crimes clandestinos,
Logro e burla pregando à sociedade
Da qual querem respeitos e homenagens;
Hipócritas beatas que disfarçam
As suas afeições com atos pios:
Toda esta gente assim vem p'ra os trabalhos
Que, mandados fazer nos asteroides,
São dirigidos por demónios negros.
Mas na colónia principal de Vesta,
Nós já vamos pousar, e com demora,
Pequena ou grande, como bem quiseres,
As marafonas principais veremos. –

VIII

Disse, e mansinhamente o carro aéreo
Para em Vesta pousar ia descendo,
Da penitenciária procurando

O capataz primeiro. Era um demónio
Negro na pele, as barbas já grisalhas
Mais brancas do que pretas, que obediente
De Gaia às ordens era, e nos mostrava
As obras e operárias, cujas vidas
Num grande *in folio* registadas tinha.
– Podeis descer, dissera o tal ministro
Guarda-mor da colónia, é já segura
Aqui a habitação. Tão adiantados
Os trabalhos têm sido, e tal serviço
Cá se tem feito, destruindo rochas,
Que há de ser habitável dentro em breve,
E Vesta a ter não tarda a forma esférica
Um pouquito achatada; assim o ordena
O Arquiteto que me dá tais ordens.
Lenta e pequena oscilação já fazem
Os polos do planeta; aqui seguros
Podeis estar sem medo de avalanches,
E até p'ra os visitantes, que nos chegam
Do vosso orbe, e p'ra os seus apresentados
(Bem vi que era comigo), uns aposentos
E refeições aqui há preparadas,
Continuareis depois a vossa viagem.
    Indo visitar logo uma oficina,
Vimos uma mulher bela e formosa
A puxar a uma nora de alcatruzes,
Afanosa, cansada, e toda em bica
A gotejar suor; 'stava outro negro,
Do capataz ministro subalterno,
Com aguda aguilhada a espicaçá-la
Quando ela retardava o movimento,
Dizendo: barregá, anda p'ra diante.
Pena tivemos da formosa dama
E, perguntando ao demo comandante

Quem e donde era, qual fraqueza ou crime
Condenar a fizera a tal serviço,
Nos responde: – Esta dama, que aqui vedes,
Além de infiel 'sposa, foi perversa;
Tem graça a sua história, mas revela
Malvadez e cinismo a toda a prova. –
Isto disse o feitor, e procurando
No criminal registo à entrada dela,
A história nos contou como se segue (3).

IX

Houve em Bolonha um nobre cavalheiro;
Egano de Galuzzi se chamava
Este fidalgo, e tinha por esposa
A senhora Beatriz, bela entre as belas.
Por esse mesmo tempo um negociante,
Fidalgo empobrecido e que devera
À vida mercantil ser novamente
Possuidor de riquezas e fazendas,
Em Paris residia e tinha um filho
Ao qual educação, como outros nobres,
Quis dar devidamente, e colocou-o
Ao serviço do rei naquela corte.
Ludovico era o nome do mancebo
Que, naquela elevada sociedade
Convivendo e tratando, se tornara
Muito prendado e a todos agradável
Pelas suas maneiras, cortesias.
   Um dia, que com outros seus colegas
Em divertida roda se entretinha
O nosso Ludovico, alguns mancebos
Chegados do estrangeiro, conversando
Sobre matéria vasta e sobre as damas

Mais belas e gentis que tinham visto,
Faziam tal ou qual recenseamento
De galantes senhoras. Disse um deles
Que, tendo percorrido França, Itália,
Inglaterra, Alemanha, em parte alguma
Vira mulher tão bela como a esposa
De Egano, o tal fidalgo de Bolonha;
E nisto concordaram seus colegas,
Os que de vê-la a dita já tiveram.

Ora o nosso aprendiz de gentilezas,
Que por alguma bela inda não tinha
O tributo pagado à juventude
(Ficando apaixonado, já se entende),
Tal vontade tomou de querer vê-la
E requestá-la até, que, disfarçando,
Do pai obtém licença p'ra em visita
Ir ao santo sepulcro; então, mudando
Seu nome para o nome de Aniquino,
A Bolonha foi ter, e numa igreja
Pôde ver a beldade pretendida.

Par'ceu-lhe inda mais linda e mais formosa
Do que esperava até, e fez propósito
De não seguir mais longe sem primeiro
A conquista fazer daquela dama.
Seus cavalos vendeu, mandou aos moços,
Que trouxera, fingir desconhecê-lo,
E ao hospedeiro disse que queria
Ver se arranjava cómodo em Bolonha,
De algum senhor entrando p'ra criado.
– A propósito vens, disse o hospedeiro;
Que o nobre Egano belos escudeiros,
Como tu me pareces, sempre aceita. –
Dito e feito; instalado o nosso jovem
Por familiar ficou do bom marido.

Educação, maneiras e desvelo
Mostrar soube Aniquino por tal sorte,
Que mordomo não só, mas conselheiro
Chegou a ser do bolonhês fidalgo.
Vai este um dia à caça e em casa deixa
A sua 'sposa e o mordomo. A nobre dama,
Que da gentil figura do mancebo
Não desgostava, do xadrez ao jogo
O convidou; a ocasião propicia
Logo, logo aproveita o apaixonado
P'ra lhe fazer saber a afeição sua.
Muitos xeques e mates dar deixava,
Mas quando a sós se viu co' a sua parceira
(Por se haverem as criadas retirado)
Começa a suspirar. – Que é isso? Pena
Tens, Aniquino, que eu te ganhe os jogos?
Beatriz pergunta; o seu parceiro esperto
Não tem papas na língua, e sem demora
Dos seus suspiros lhe revela a causa,
A sua qualidade, e qual motivo
O levara a escolher um tal disfarce.
A ocasião é calva, e a nobre dama
Não quis perdê-la; prontamente acede,
Aceita as homenagens do galante,
Nessa noite promete uma entrevista,
E por penhor e arras do contrato
Na boca um doce beijo lhe pespega.

X

Era alta a noite e ao lado da sua 'sposa,
Ambos no mesmo leito, a sono solto
Dormia o bom do Egano; a nobre dama
Inda estava acordada, que a visita

Esperava do jovem escudeiro,
E para isso deixara aberta a porta
Do quarto marital. Vem cuidadoso,
Pé ante pé, no escuro até ao leito
O ditoso Aniquino; a mão da bela
Se lhe estende e o segura fortemente.
Então o seu marido acorda a nobre
E formosa Beatriz p'ra perguntar-lhe:
Diz-me, caro marido, em qual dos nossos
Criados tens mais fé, mais confiança?
Qual julgas mais fiel e dedicado?
Pois qual será, mulher? responde aquele;
Eu te juro, Beatriz, nunca até hoje
Servo algum me serviu como Aniquino,
Dos criados a joia, e o que eu mais prezo.
Porque o perguntas tu? – Quero dizer-to
Agora, porque à ceia inconveniente
Me pareceu fazê-lo. O tal sujeito,
Em que tanto te fias, teve a audácia
De me vir requestar, quando na caça
Andavas tu, meu bem, (dizia a pérfida,
A traiçoeira esposa, e segurava
Com força, isto dizendo, a mão do amante,
P'ra que lhe não fugisse e fosse logo
Dar às de Vila Diogo p'ra a sua terra).
Mas ouve; eu, p'ra que tu bem conhecesses
A bisca que cá tens, fingi que aceite
Era o seu galanteio, e à meia noite
Apar'cer prometi no jardim nosso,
Junto ao pinheiro manso. Agora, amigo,
Se a prova queres ter do que assevero
Põem na cabeça um lenço e co' uma saia
Das minhas te disfarça; ao jardim desce,
Vai ao sítio indicado, que o maroto

Por certo lá não falta. – O pobre diabo,
Assim mesmo às escuras, preparou-se
Co' as roupas que sua 'sposa lhe indicava,
E foi para o jardim 'sperar a prova.
   Quando ausente o sentiu, disse a senhora
Ao pobre amante, trémulo de medo:
– Nada receies, anjo meu dileto,
Mas toma um bom cacete, e encontrar busca
Lá no jardim meu crédulo marido;
Desanca-o, a bem valer, com bastonadas.
Com lições de moral, rijas censuras,
Como se fora a mim, vai misturando
As *bênçãos de São Paulo*. Uma tal prova
Do teu amor espero, e que há de firme
Nosso arranjo amoroso, com certeza,
Tornar p'ra sempre. – Então mais sossegado,
Busca Aniquino um duro *jus cujendi*,
E partiu para dele fazer o uso
Marcado por Beatriz, não sem primeiro
De esta o mando haver habilitado
Com armas taureanas p'ra a defesa.

XI

O pretendido efeito esta receita
Produziu no marido, e convenceu-se
Que só p'ra a experimentar fizera aquela
Proposta à esposa sua o fiel criado.
Inda mais liberdade o mentecapto
Deixou ter ao mordomo; e muito tempo
A bela espertalhona (que está agora
Puxando àquela nora por castigo)
Do seu meigo Aniquino em companhia
Se riram da partida, e acrescentavam
À cabeça de Egano alguns ornatos. –

XII

Tal e qual se continha no cartório
De aquele arquivo de almas condenadas,
E o guarda-mor narrou miudamente.
Mas sendo quase noite, e algum descanso
Nos convindo tomar, acompanhou-nos
A uma boa vivenda, só para hóspedes
Destinada; e, servida farta ceia,
Lá dormimos também otimamente.

Fim do canto quinto.

NOTAS AO CANTO QUINTO

(1)

Figuramos também aqui, semelhantemente ao que fizemos no canto 2.º, a leitura da expressão analítica *mev²* da força viva no movimento de um corpo. O sentido do texto é o seguinte:

O choque de um só daqueles cometas num astro tão grande como qualquer dos que formam Sírio (porque é estrela dupla) produziria estragos muito para temer. Maiores deviam ser, por conseguinte, os provenientes do choque dos dois cometas e num simples planeta do Sol.

(2)

Os pilotos e capitães da marinha mercante portuguesa, nas suas viagens de longo curso, não fazem uso das *Efemérides Astronómicas da Universidade de Coimbra*, mas sim do *Nautical Almanach* calculado para o meridiano de Greenwich. Tomam a altura meridiana do Sol, sabem corrigi-la da refração, paralaxe, semidiâmetro, e depressão do horizonte (unicamente pelas tábuas do livro de que se servem); combinam com a declinação do Sol para o dia respetivo, e com a hora do cronómetro que levam a bordo, e acham assim as duas coordenadas do lugar do navio. Sabem também de determinar o rumo, etc.; mas não entendem de geometria esférica, e de fórmulas de trigonometria ou de astronomia nem meia.

(3)

Este episódio é o conto legendário do marido *enganado, espancado e contente*. Seguimos com alguns cortes, para abreviar, a exposição que se lê na *novella* 7.ª, *giornata* 7.ª do *Decamerone*.

CANTO SEXTO

CONTINUAÇÃO DA VIAGEMNO PLANETA VESTA

I

Do meu quarto a persiana começava
A receber a luz do Sol nascente,
Eis se não quando o som agudo e grato
Ouço de uma sineta; o sinal era
De estar o almoço pronto, e eu já acordado
Menos pronto não 'stava, ou pouco menos,
Para o cumprimentar. Visto-me logo
E do jantar na sala me apresento
Co' a meiga e linda Olímpia. A mesa estava
Coberta de iguarias confortantes
E gostosas também, ótimos vinhos,
Queijos da Serra (1) e bom café de Moka.
    O serviço marcara ao despenseiro,
Outro ministro do primeiro negro,
A cuidadosa Olímpia; que de Vénus,
De Júpiter, Neptuno os habitantes
À risca obedecidos são em tudo,
Onde quer que se encontrem, nos planetas
Que em torno ao Sol volteiam. Mas os outros,
As almas condenadas por seus crimes
Cometidos na terra, têm chicote,
As chamas do hidrogénio, as feras bravas,
E o mais que neste canto dizer 'spero
E noutros post'riores, quando toque
Falar dos habitantes de Saturno

Onde a soberba e inveja é castigada.
   Como disse no canto antecedente,
São condenadas aos trabalhos públicos,
Feitos nos asteroides, as defuntas
Senhoras meretrizes. Uma delas
No dia anterior tínhamos visto
Puxando à nora, toda afadigada;
Mas depois de almoçar, saindo ao campo
P'ra mais algumas ver das tais sujeitas,
O guarda-mor achámos prevenido
P'ra nos acompanhar, trazendo o livro,
Matrícula daquelas toleradas.
– Ontem, senhores, disse-nos o negro,
Vistes a marafona que mandara
Grande sova de pau dar no marido,
Depois de lhe haver feito assentar praça
De São Cornélio na legião famosa
Que tem por general um rei de Esparta.
Que o seu chefe é valente sabem todos
Que houverem lido Homero.

II

                    O presumido
E janotinha Páris sai a campo
Provocando a duelo qualquer grego,
Mas apenas avista o Areifilo (2),
Pernas, p'ra que te quero? E dar às trancas,
Ou às de Vila Diogo, porque o vira
Desembolado, e Helena não lhe tinha
Dado iguais armas inda p'ra o combate.
   Heitor, porém, Heitor, o *corytaiolo*[1],

---

[1] Nota do autor:

Não consente que o irmão seja covarde.
Dysparis (4), diz de Andrómaca o valente
Esposo terno e de Ílion a defesa,

É grega esta palavra, meus leitores;
E porque em Portugal nos dias de hoje
Tão pouca gente a grega língua entende,
Uma satisfação julgo dever-vos.
   Primo: a palavra quer dizer que tinha
Heitor um capacete bem ornado
E que brilhava muito, quando o bravo,
Valente general, filho de Príamo
O fazia agitar. *Secundo* (É longa
Esta piadinha agora, mas justíssima):
A tão grande desgraça, a tal marasmo
Chegou das línguas mortas a cultura
Nesta terra de Lísia, que hoje o grego
Inda é mais ignorado que o Sânscrito
Nas nações ilustradas. Chega a ponto
Que os estudantes vão fazer exame
Nesta ditosa Coimbra sem saberem
O alfabeto sequer! Uns *burros* levam
Onde vai a leitura figurada,
E a tradução também, de algumas linhas
De Luciano ou de Homero, previamente
Marcadas para texto! Os julgadores,
Em toda esta impostura coniventes
Já são há muito tempo, e (tenho pena
Da sua posição) veem-se obrigados
A deixar ir passando a maroteira (3).
   Eu tinha exame no Liceu de Braga,
O primeiro lá feito; mas contudo
Por lei vigente tive outro segundo
De fazer em Coimbra. Os meus colegas
Todos levavam amarelas pastas
P'ra abonar a ignorância; a pasta minha
Azul de quintanista *para ornato*
Eu quis levar também. No mesmo dia
Um outro examinando, sextanista,
Que hoje ensina mecânica celeste,
Ler até mal podia alguns hexâmetros
Do canto primo da divina *Ilíada*!

Só p'ra cantar o fado é que tens arte,
Tocando na tua banza ou na guitarra,
Mas para te bater co' aquelo bicho
É que servir não podes. Ah, patife,
Por tua causa estamos os troianos
Duros golpes sofrendo dos argivos,
E mortes e desgraças, p'ra que em Troia
Continues da grega e bela Helena
As meiguices, carinhos usufruindo!
Em verdade se diga que é formosa
A tal senhora Helena, esposa honrada
De esse bom Menelau, que, p'ra reavê-la,
O irmão e os outros príncipes da Grécia
Congregou para vir formar-nos cerco.
Até o velho senado dos troianos
Achou que ela valia tantas penas;
Mas em proveito teu, grande maroto,
Que o fruto e flores colhes, e nos deixas
A mim, aos mais irmãos, aos outros teucros,
Os espinhos somente! Anda, brejeiro,
Já para a frente. Ao menos desafronta-te;
Se és melhor que o marido ao pé da bela,
Que és um pimpão também ao menos mostra.
    Envergonhou-se o filho do rei Príamo
E voltou p'ro combate; mas não tinha,
Já disse, do rival as mesmas armas,
Nem na praça do Campo de Santa Ana
Co' os Peixinhos, Robertos, aprendera
A esgrima respetiva. O resultado
Foi ficar mal no campo da batalha;
E se não fora o auxílio de uma deusa
(Todos sabem quem foi) que o tal menino,
Juiz em certa causa, protegera,
É provável que a vida ali deixasse

E, gritando *hombre muerto*, os gregos todos
E os troianos também a paz fizessem,
O legendário cerco terminando.
　　Mas ficou vencedor d'Atreu o filho;
Eu cá assim o entendo, e com justiça
Dos *coitadinhos célebres* na história
Paulo de Kock (o júnior)[1] o coloca
Como chefe de fila.

III

　　　　　Mas já vejo
Atreladas a um carro umas honradas,
Respeitáveis matronas... mais perversas
Que aquela que ontem vistes. Uma delas
Traiu o amante e chama-se Dalila;
A outra e Sylvandira[2], e fez o esposo
'Star na Bastilha preso e desgraçado,
Enquanto que ela o tempo aproveitava
Co' os amantes que o esposo *protegiam*.
　　A história da primeira é bem sabida,
E até se ensina na instrução primária
Para mostrar o grave inconveniente
Em revelar segredos às mulheres.
O valente Sansão a apaixonar-se
Chegou por tal menina. (Ora dizei-me:
Quem não suspira aos pés de uma beldade?).
Os filisteus, porém, que medo tinham,
E com razão, de hebreu tão façanhudo,
Subornam-lhe a cachopa com dinheiro

---

[1] Talvez Charles Paul de Kock (1791-1871), escritor francês, famoso pelos seus romances realistas que os críticos consideravam imorais, autor de *L'Amant de la Lune* (1847) e *La Petite Lise* (1870).

[2] Personagem da obra de Alexandre Dumas *Sylvandira*.

(No preço é que está a cousa) e conseguiram
A origem descobrir de tanta força.
Apanham-no à traição e nele fazem
O mesmo que aos caloiros e novatos
(Que bom divertimento!) os estudantes
Do segundo ano fazem em Coimbra.
Passa então o imprudente desarmado
Dos filisteus a ser gato sapato;
Furam-lhe os olhos, e outras crueldades
Lhe infligem os perversos. Mas o tempo
De Sansão fez crescer os bons cabelos,
Habilitando-o p'ra deforra horrível.
    Um dia banqueteavam-se os tais bárbaros,
E para mor prazer chegar fizeram
O pobre cego à sala do banquete;
Lá, posto entre colunas, dos incultos
Da perversa canalha alvo está feito.
Mas novamente aquele desgraçado
Sansão tornara a ser; mãos e pés firma
Numa e noutra coluna, e à voz extrema
Morra Sansão e quantos aqui estão,
As pedras das abóbadas puniram
Os filisteus infames, celerados.

IV

A história da segunda é mais comprida,
Mas temos tempo e passo já a contá-la (5).
    Veio a Paris um jovem provinciano,
Filho de um proprietário, cujas rendas
Avultadas não eram. No supremo
Tribunal de justiça ia julgada
Ser uma grande causa; se a perdia,
Arruinado ficava inteiramente.

– Rapaz, lhe diz o pai ao despedir-se,
És hábil e prendado; e na verdade
Ninguém, para tratar desta demanda,
Melhor do que tu próprio achar podemos.
Vai, salva a nossa casa, e considera
Que de Constança os pais não te concedem
Por esposa, meu filho, a terna jovem
Senão co' a condição de vires rico
Com a herança do tio. – Ora saber-se
Convém antes de tudo que o bom tio
De este fidalgo fora já nas Índias
Salvador de uma bela e rica viúva,
Que queimar os parentes pretendiam
Segundo o uso da terra; a tal senhora,
Agradecida, dá-lhe a mão de esposa,
Vem co' ele para a Europa, e finalmente
Quando morreu deixou-o por herdeiro.
Pouco sobreviveu à testadora
O tio do mancebo, e por seu turno
De este à família fez passar a herança,
Que era avultada. Mas da bela indiana
Havia um filho de primeiras núpcias,
Que a Paris pôr embargos de terceiro
Viera expressamente; era ricaço
E muito o tal nababo, mas com tudo
Antes quisera ver a mãe queimada
E reduzida a cinzas, que a fatia
De aquela boa herança em mãos estranhas.
    Ora o bom provinciano, ao qual o nome
Eu de Alfa agora dou por esquecido
Me ter do nome dele[1], as diligências
Fazia por ganhar a sua causa.
Trouxe cartas de empenho, algum dinheiro,

---

[1] O nome da personagem do romance de Alexandre Dumas é Rogério.

E passos não poupava, mas os becas
Tinham muita preguiça e não achavam
P'ra a questão resolver tempo bastante.
    Depois de ter rompido muitas solas
Por casa dos juízes e letrados,
E dos bens de seu pai a maior parte
Tendo feito empenhar por tal maneira,
Que à miséria ficava reduzido
Ele e a família sua, se a herança
Do tio a perder chega, então maduro
Ao juiz relator par'ceu o tempo.
E mandou por *terceiro* uma proposta
Muito em segredo, muito cautelosa,
Fazer ao litigante da província.

V

Pai de uma esbela jovem era aquele
Tão honrado juiz, e bom partido
Lhe par'ceu impingi-la ao provinciano,
Ao qual *sub condicione* dar podia
Sentença favorável. Era o caso
Ou obrigar-se a desposar a filha
De tão bom magistrado, ou na miséria
Deixar morrer seus pais; que o património
'Stava muito empenhado, outro vendido.
    Rejeitada ao princípio foi a infame
E vil proposta; mas a persistência
Do terceiro nas cousas de justiça,
Da família do jovem a miséria
Em perspetiva e certa, se não *compra*
Por tal preço a sentença, resolveram
Alfa a aceitar aquele cambalacho.
Para encurtar razões, foi logo dada

A sentença em favor do nobre esposo
Da gentil Sylvandira; entra na posse
Da riqueza legada, e da família
A casa arruinadíssima restaura.
Mas ir à terra sua não queria,
E os motivos para isso são visíveis.
   Em Paris residia com sua 'sposa
Alfa, sem descobrir de tal mulinha
A manha mais oculta; certamente
De juiz tão honrado honrada a filha
Não devia ser menos. Chega um dia
A descobrir a falha de tal joia.
E para subtraí-la aos *lapidários*
As malas sem demora fazer manda;
Duas horas depois postos em marcha
'Stão Alfa e Sylvandira p'ra a província.
   Na primeira cidade onde pousaram
Alfa saiu para tratar negócios,
No hotel deixando a bela Sylvandira
E toda a criadagem que trouxera;
Duas horas depois a casa volta,
Mas nem criados, nem mulher encontra,
Acha um bilhete apenas que dizia:
Com duas horas só de antecedência
Me intimaste a partir para a província;
Duas horas depois de eu ter saído,
Que te não sigo, ficas avisado.
Para Paris voltou rapidamente
De tal joia o marido, mas à entrada
Da capital da França é logo preso
Por homens da polícia, e na Bastilha
Foi sem demora posto no segredo.
   Havia em tempo, por divertimento,
De Sylvandira o esposo algumas sátiras

Feito contra uma honrada favorita
Do rei; mas entre amigos tão somente
Era lida esta e inda outras poesias.
Uma cópia porém aproveitara
Traiçoeiramente a *dedicada* esposa;
Foi bastante este corpo de delito
P'ra o marido fazer ser posto a ferros.
Fácil é agora de prever o resto,
E um tal Royancourt pode à vontade
De aquela Betsabé David tornar-se.
Esteve muitos meses o coitado
E infeliz Alfa tantas crueldades
Sofrendo, que a mulher lhe preparara
P'ra ficar sem pastor essa ovelhinha;
Mas pensou, meditou e preparou-se
Para punir o infame. Os seus amigos,
E Cretè mais que os outros, trabalharam
E conseguiram o perdão do jovem;
Alfa é solto e da esposa volta aos braços
Todo carinho e amor, agradecido
Se mostra a Royancourt e ambos ilude.
  Pouco tempo depois morre varado
O infame Royancourt por um florete;
O nobre e bom Cretè punira em duelo
Aquele celerado e vil adúltero,
Enquanto a viajar co' a meiga esposa
Partira o amigo seu para recreio
De tão amável pomba. Mas na volta
Chegou viúvo e só, sentindo a perda
Da formosa consorte, que um funesto
Naufrágio submergira (a verdade era
Que a passeio marítimo a levara,
E vendera a um pirata). Estava livre
Alfa daquela víbora danada

E, passados de luto os legais meses,
Com sua fiel Constança se desposa.
   Tudo correr par'cia otimamente,
Eis se não quando estranha personagem,
Embaixador não sei de que alto império,
Vem a Paris e traz por odalisca
Sabeis a quem? a linda Sylvandira.
Qual outra Alaciel do rei de Garba,
Indo de mão em mão, chegara a filha
Do juiz que julgara a causa de Alfa
A pertencer ao filho da indiana.
Monumental vingança logo, logo
Conceberam os dois; de bigamia
Devia Alfa infeliz sofrer a pena.
Valeu-lhe o bom Cretè, que diplomata
Habilíssimo foi neste negócio,
E o tal embaixador foi para as Índias
(Para não ir também para a Bastilha)
Levando a boa joia que comprara,
E que ora vedes atrelada ao carro
Junto co' a bela que Sansão perdera. –

VI

Assim o preto disse, e já chegavam
Perto de nós as duas condenadas,
Quais mulas, a puxar a uma carrada
De muito lixo e entulho; eram seguidas
Por um negro possante, que o chicote
Fazia trabalhar, se pouco ativas
No tal serviço achasse aquelas bestas.
Deixámo-las passar; mas novo carro
Se seguia ao primeiro, e era puxado
Por outras duas belas que na vida

Com régia c'roa a fronte ornado haviam.
– Estas, o preto disse, se aos maridos
Tanto mal não fizeram, contentando-se
Com lhes ornar as testas, nem por isso,
Pela sua ambição estimuladas,
Deixaram de fazer algumas vítimas.
Uma ao trono de Lísia ascender pôde
De um fraco rei o coração domando;
É Dona Leonor Teles, que primeiro
J'ão Lourenço da Cunha abandonara,
Seu marido legítimo, p'ra esposa
Do formoso e inconstante rei tornar-se.
Esta soberba dama, se tão pouco
Respeitar soube as leis do matrimónio,
Também pouco respeita as da família,
E o infante Dom João a enganar chega
A ponto, que assassina a própria esposa
No palácio da rua de Sub-ripas.
De Dona Maria Teles o assassínio
Uma mancha é na história portuguesa;
E a rainha Leonor, que por adúltera
A inocente irmã morrer fizera,
Assim um meio encontra p'ra livrar-se
Do infante Dom João, que expatriado
Em Castela buscou fugir às penas
Do crime cometido. Um outro infante,
Irmão do antecedente, também foge
P'ra não ser castigado, por que tinha
Um delito espantoso perpetrado...
Recusou-se a beijar a mão da adúltera!
Ficou desassombrada a marafona,
E para o seu galante favorito,
J'ão Fernandes Andeiro, obtém do esposo
Do condado de Ourém título e rendas.

Aqueloutra rainha, que a acompanha
Neste serviço próprio só de bestas,
É a mãe da *Beltraneja*, e fora esposa
Do rei Henrique Quarto de Castela (6).
　　Dom Beltrão de la Cueva um simples pajem
Era do rei, mas tanto em valimento
Pôde subir por graças da rainha,
Que o primeiro ministro do seu príncipe
Chega a ser, e de Conde de Ledesma
O título consegue. Inda isto é pouco
P'ra aquele afortunado favorito;
Da infanta Dona Joana o pai verídico
Não era Henrique Quarto, era o valido.
　　Esbelta rapariga de Toledo,
De obscuro surrador prezada filha,
Foi por este monarca requestada;
Um pequenino Henrique era a vergôntea
Verdadeira do rei, bem que bastarda.
P'ra que chegasse a c'roa de Castela
A ser de Dona Joana, a *Beltraneja*,
Não teve horror aquela esposa adúltera,
E o Conde de Ledesma, de nas chamas
De preparado incêndio a desditosa
Mãe do bastardo príncipe queimada
Fazer morrer co' o filho inocentinho.
Mas nem assim o calculado efeito
Conseguir pôde em bem da prole sua,
E foi Dona Isabel reconhecida
Por legítima herdeira de Castela. –

VII

Essa da Rússia imperatriz famosa,
E da torre de Nesle as heroínas

Aqui não 'stão também? – Então pergunto
Ao guardião daquelas boas prendas.
– Estão, podemos vê-las; noutro sítio
Andam a trabalhar (responde o negro),
É preciso fazer um desaterro,
E umas são cavadoras, trazem outras
Cestos de terra, zorras, padiolas;
Mas vamos então lá. – Fomos andando
Té chagar ao lugar onde avistámos
Naquela operação mais de oitocentas,
Cavando e removendo a terra solta.
– Aquela gorda e bela é Caterina
Por quem tu perguntaste (o demo torna),
E de essa torre infame as celebradas,
Dissolutas senhoras cavam juntas
Ao pó da imperatriz São Margarida,
Branca e Joana as célebres princesas,
As quais, noturno laço armar fazendo
Aos rapazes galantes, nessa torre
Em noturnas orgias pandigavam
Co' os jovens imprudentes, todo o pejo
E senhoril recato desprezando.
Depois, na madrugada, eram do Sena
As águas bem seguros confidentes;
Afogados mancebos não podiam
Vir revelar aquelas bambochatas.

VIII

Mas vamos mais além. Temos agora
De Inglaterra uma célebre rainha,
Filha do Henrique Oitavo e da ambiciosa
Ana Bolena. Essa Isabel, tão célebre
Por não ter perdoado à prima sua

(Por ser mais bela e não por ser católica,
Esta é a verdade, o resto foi pretexto
Para a decapitar), rejeitou sempre
Do parlamento inglês as insistências
Para esposo escolher. Teve a vaidade
De querer que, por morte, lhe inscrevessem
Na lousa sepulcral = *Aqui repousa*
Isabel de Inglaterra alta princesa,
Que viveu e morreu rainha e virgem.
É certo que morreu sem descendência,
E terminou com ela a dinastia
Dos Tudors; mas em quanto a virgindade
Há muito que dizer. O seu primeiro
Favorito ou galã foi feito Conde
De Leycester, depois outros sucedem,
Cada um por seu turno; o Conde do Essex
A última conta foi de tal rosário.
    Mas Isabel não foi somente virgem,
Foi também generosa e compassiva,
Poupando derramar o sangue humano:
Já disse, fez morrer a prima sua,
Maria Stuart, anjo de bondade,
De beleza e de amor; no Conde de Essex
(Um favorito seu!) também não dera
O perdão de rebelde se haver feito;
Dos católicos padres, finalmente,
Muito inocente sangue derramado
Veio também manchar os anos últimos
De Isabel, que morreu rainha e *virgem*. –

IX

Mas quem é, perguntei, aquela dama
Que tão carregadinha vai co' um cesto

Cheio de terra e pedras? Um valente
Teu servo subalterno não lhe deixa,
Fazendo trabalhar o *jus cujendi*,
Tomar algum repouso. – Essa menina,
Responde o guarda-mor, tivera o berço
De Santa Cruz nas plagas. A vaidade
De mulher ser de um orador distinto
Levou-a a desposar-se co' um mancebo,
Que mais tarde devia ser a vítima
Da honra desafrontada. Um valdevinos,
Um tratante de marca e que diversas
Provas já dera das virtudes suas,
Verbi gratia, raptando uma donzela
E outras que tais honrosas gentilezas
Praticando sem pejo e sem vergonha,
O leito nupcial viola e ultraja
Daquele par. A sorte de Desdémona
Teve a culpada esposa, sem ter desta
A virtude e inocência que a ilustram;
Mas da lei dura pena também cabe
Ao marido infeliz, que foi na ardente
África terminar a triste vida.
E o biltre, causador de tantos males,
Pretendendo enganar a sociedade,
Finge arrependimento, e num mosteiro
Diz querer ir viver p'ra penitência;
Que sincera virtude a dos beatos!

Fim do canto sexto.

NOTAS AO CANTO SEXTO

(1)

Alusão aos queijos da Serra da Estrela, os melhores que se fazem em Portugal.

(2)

O *belicoso*, epíteto que Homero dá a Menelau. Veja-se no princípio do canto 3.º da *Ilíada* o episódio do duelo entre Páris e este príncipe, e do qual se faz no texto uma ligeira paródia.

(3)

Os exames de grego em Coimbra são uma farsada, uma impostura burlesca. Com exceção de alguns estudantes teólogos, os quais chegam a traduzir com muitíssima dificuldade dois ou três pequenos diálogos de Luciano, e uns cem versos de Homero, todos os mais estudantes, médicos, naturalistas, doutorandos, etc., fazem exame e ficam aprovados em grego, sem ao menos saberem todo o alfabeto! A lei espera-lhes o exame para o fim do curso, e o resultado foi chegar o abuso a este ponto.

(4)

Quer dizer *infeliz Páris*. Já Ovídio empregou o mesmo helenismo na epístola de Laodâmia e Protesilau, verso 43 – *Dyspari Priamide, damno famose tuorum*. Temos bom padrinho por abonar este neologismo.

(5)

Este episódio é o resumo de um romance de Dumas intitulado *Sylvandira*. Lido pelo autor há muitos anos, esqueceu o nome do protagonista e foi suprido pelo de Alfa.

Quem não achar bonito este nome, substitua-o pelo de *beta*, *gama*, ou outro qualquer que mais lhe agrade.

(6)

Veja-se o romance de Emmanuel Gonzalès intitulado *A rival da rainha*.

CANTO SÉTIMO

VIAGEM AO PRIMEIRO SATÉLITE DE JÚPITER

I

De aquelas tão honestas, nobres damas,
Muitas mais inda vimos em diversos
Aspérrimos trabalhos ocupadas
Sob o comando de demónios negros,
Que, de chicote ou de aguilhão munidos,
No serviço as faziam ser ligeiras.
O capataz daquela feitoria,
Pelos saber de cor, de muitas delas
Nos contava os escândalos passados;
De outras porém forçoso era no livro
Volumoso, pesado e parecido
Co' o grande dicionário de Larousse,
Ir ao termo da entrada dar a busca.
   Mas Olímpia, entendendo termos visto
Já bastante, e que tempo era de em Júpiter
Ir conversar com gente conhecida
E passar algum tempo alegremente,
Deu por finda a visita naquele orbe
Do pequeno planeta, e novamente
No doce palanquim nos assentámos.
– Como o tempo é bastante (diz-me Olímpia,
Carregando na mola do registo)
P'ra chegar ao jantar, sem que preciso
Nos seja acelerar a viagem nossa,
Neste andamento iremos caminhando.
Conversemos agora, pois entendo

Que uma viagem calada é muito insípida.
Certo que sim, digo eu, e para assunto
Tenho já muita cousa.

II

                    Antes de tudo
Comunicar-te quero o pensamento
De um projeto que fiz. O nosso amigo
Dante Alighieri disse-me ao princípio,
Quando p'ra visitar estes planetas
Me foi fazer o singular convite,
Que esperava de mim não ver perdido
O fruto da instrução que eu recebesse.
Não gostei nunca de iludir esp'ranças
Dos meus bons mestres; faço quanto posso
E desvelo-me sempre pelo ensino
Dos discípulos meus, pagando a dívida
Que à pátria, à sociedade, aos mestres devo.
Ora se em matemática, ou na língua
Da culta Grécia antiga, usado tenho
Como digo, e em tudo isto nada faço
Mais do que o meu dever, razão não acho
P'ra deixar ficar mal o florentino.
Resolvi pois contar em verso heroico,
Ou inda em redondilhas, quando seja
Apropriado o uso delas, as diversas
Cenas que por cá vir, como fizera
O proscrito Alighieri do que achara
No inferno, purgatório e paraíso.
Não tenho pretensões de fazer tanto,
Nem a décima parte; se a vontade
Se aproxima da do outro, é mui dif'rente
O engenho, a competência, e até o tempo.

Razões para escrever não são já poucas,
Inda que iguais não sejam às do Dante,
Que, expatriado, pobre e foragido,
O pão comeu do exílio, e de Ravena
Lhe valeu muito o nobre e honrado príncipe.
Mas eu também, se amigos não tivesse
E parentes, por certo já haveria
Andado à lebre! Honrados meus colegas,
E a política de hoje, assim o querem.
 Mas vá cada um cumprindo o seu destino,
E a pátria julgue a todos. Bem quisera
Poder poupar algum, mas sobe o jogo
De cada vez a mais; dizer verdades,
Amargas para alguém, porém verdades,
Adornadas co' as galas da poesia
Posso, se assim fizer, 'screvendo as *viagens*.
Que te parece? – Se emendar esperas
Encapelada gente de Coimbra
(Olímpia, que os conhece, me diz logo),
Nada por certo alcanças. Melo Franco
No género herói-cómico fizera
Um bom poema também p'ra verberá-los
(*Reino da estupidez*[1] era o seu título),
E nada conseguiu. Homens sem brio,
Sem honra e sem vergonha, não se importam
Que lhes descubram suas maroteiras,
E de negar os factos são capazes. –
 Se negam, mentem eles (digo eu logo),
E co' isso eu conto já, senão de todos,
Dos de maior cinismo pelo menos.
Mas eu digo a verdade, quando aponto

---

[1] Poema em quatro cantos de finais do século XVIII, que correu anónimo, mas é da autoria de Francisco de Melo Franco (1757-1823), em que este põe a ridículo a Universidade de Coimbra e o seu reitor.

Algumas comedelas, tranquibérnias,
De essa gente de Coimbra, e de algum súcio
Confissões imprudentes, por vaidade
E p'ra ostentar poder e valimento
Feitas levianamente. Se mais tarde,
As frases viciando, e até mentindo,
Induzir o tal súcio um seu amigo,
Menos lembrado, para vir na imprensa
P'riódica dizer que é falsidade
O facto que eu narrar, hei de afirmá-lo,
Porque assim sucedeu; já o contara
Haverá meses dois a alguns amigos
Sem que ninguém notasse, inconfidência.
Ninguém pediu segredo, e falar posso
Contando isso que ouvi sem prometido
Haver de me calar. O que eu não faço
É fazer giga-joga nos periódicos,
Dize tu, direi eu; o tal sujeito
Não jogue por tabela, e se de novo
Quiser a afirmação somente em prosa,
Que querele de mim. Os julgadores
Nos tribunais civis são mais honrados
Do que os colegas seus na faculdade.
    Mas não serão somente alguns devassos
De esta ditosa Coimbra que em meus versos
Levantado terão seu pelourinho;
De Melo Franco o poema bastaria,
Se fosse bom remédio o verso heroico.
Pretendo aproveitar de vários contos
Legendários, da história estranha e nossa,
E da literatura e da poesia
Alguns lindos assuntos p'ra episódios.
Isto chegará bem p'ra doze cantos,
Se não vierem esses tais sujeitos
Dar mais matéria p'ra estender o poema.

III

– Pois sim, me diz Olímpia; apontamentos
Podes ir entretanto compilando
Para essa produção. De aqui já avistas,
Sem usar do binóculo, os satélites
Do bom planeta Júpiter? O sábio
Galileu Galilei, honra da Itália (1),
Foi o primeiro em descobrir tais astros.
   Teve o seu berço em Pisa este homem célebre,
Que à natura um segredo importantíssimo
Deveria roubar; foi nada menos
Que descobrir no efeito de uma força
Do movimento havido a independência.
Desde os trabalhos do siracusano (2)
Geómetra até 'ntão, só de equilíbrio
Bem tratar se podiam os problemas;
P'ra Galileu porém 'stava guardado
Pôr as bases seguras da dinâmica.
Mas estes sós não foram seus serviços
Em ciências naturais; O isocronismo
No pêndulo encontrou, quando pequenas
Fossem as excursões do ponto móvel.
Inventor do termómetro, e igualmente
Da balança hidrostática, este sábio
Do descenso dos graves as leis soube
Demonstrar pelo meio da experiência,
Da gravidade a força minorando
No seu plano inclinado. Assim consegue,
Com descobertas, invenções tão úteis,
A física meter a bom caminho
E... adquirir numerosos inimigos
Nos professores seus contemporâneos,

Obstinados sectários de Aristóteles!
    Grandes, úteis reformas; novos campos
Abertos às ciências; leis mais justas
Dadas à sociedade, ah! custam sempre
Martírios, sacrifícios. Das ideias
Mais nobres e elevadas os primeiros
Impulsores, apóstolos, são vítimas.
Não poucos conta a física: o Vesúvio
A Plínio sepultou nas lavas suas,
E do ilustre Copérnico o sistema
A Galileu custou mil dissabores.
Foi corajoso o sábio, já primeiro
Alguns padres fanáticos tentaram
Caluniar, chamando visionário,
Aquele sacerdote tão distinto
Da verdadeira ciência. Mas baldadas
As intrigas pequenas, denunciam
Da Inquisição ao tribunal injusto
O nobre Galileu. São condenadas,
De *tão profundos sábios* no congresso,
Por heréticas, falsas, as doutrinas
Da rotação e translação da terra.
Permitiram contudo que, com certas
Condições restritivas, continuasse
A ser lente em Florença (onde o Grão-Duque
O convidara, com partido honroso,
À cadeira reger de matemática,
E o fizera deixar Veneza e Pádua).
    Teve paciência o sábio muitos anos,
Mas gastou-se por fim. Co' os seus *diálogos* (3)
A coisa transtornou; ei-lo perdido,
E, se não vai a Roma retratar-se
Para salvar a pele, era queimado,
Ou pouco menos, por falar verdade!

E pur si muove, e a Terra continua
Os seus dois movimentos efetuando.
   Artista foi também o nobre filho
Da bela Itália; um óculo astronómico
Constrói, explora o céu co' este instrumento,
E logo descobriu fases em Vénus,
Manchas no Sol, a rotação deste astro,
E inda essas quatro luas que circulam
De Júpiter em volta, e que ao princípio
Foram 'strelas de Médicis chamadas,
Homenagem rendendo ao seu bom príncipe.
   Da música também e da poesia
Foi distinto cultor; os Della Crusca
Famosos académicos em 'stima
Tiveram o seu 'stilo literário.
Era não só leitor apaixonado
Dos impagáveis cantos de Ariosto
E ainda dos de Tasso e de Petrarca,
Mas também algum tempo às musas dava
Das horas de descanso ou de recreio,
Deixando em bons sonetos, e em sextinas,
Mimosas produções. Sirva de amostra
O soneto seguinte, em que se queixa
Do rigor e desdém da amada sua,
Comparada com Nero na crueldade (4):

SONETO

Num século remoto as provas dando
Do seu génio cruel, desatinado,
Do incêndio no furor entusiasmado,
Dizia o imperador mais execrando:

Altas ruínas de império venerando,
As desfeitas grandezas, o arruinado
Templo, um sinal firme e bem marcado
Do meu grande poder fiquem mostrando.

Assim essa altaneira, cuja mente
De desdém se reveste e de aspereza,
E com meu triste choro prazer sente,

Armada de furor, de mor dureza,
Muitas vezes me diz barbaramente:
Brilhe no incêndio teu minha beleza. –

IV

Já teve a nossa pátria (eu digo), e certo
Deves sabê-lo, Olímpia, um matemático
Mais conhecido em ciência que em poesia,
O qual também sofreu dos tais roupetas
Cruel perseguição. Foi o Anastácio
Da Cunha, oficial muito ilustrado,
Que o Marquês de Pombal, quando a reforma
Da Lusa Academia concluíra,
Despachou para lente catedrático
E mandou doutorar. Fez bom serviço
Regendo a sua cadeira, e na mecânica
Combateu com denodo a metafísica
Nas loucas pretensões de os fundamentos,
Sem dados da experiência, ela somente
Dar à fronomia. Um nobre sábio,
O ilustre Freycinet[1], nos dias de hoje,

---

[1] Louis Claude Desaulses de Freycinet (1779-1841), navegador e explorador
francês que se tornou conhecido pelo seu contributo para a geologia e a geografia.
É autor de *Voyage autour du monde*, em 13 volumes.

Segue a mesma doutrina, a verdadeira
E que o bom Comte expôs com luzes tantas (5).
E do polaco Wronski[1], o nebuloso
Que até foi arranjar *funções alfas*.
Podem rir-se à vontade; que a doutrina
De intrujões como o Wronski não tem curso,
Somente uns charlatães, uns impostores,
P'ra iludir o seu povo e ter prestígio,
Dizem saber as altas metafísicas
E ter grande valor o *messianismo* (6).
Ora... Mas continuemos a conversa
Sobre o José Anastácio. Ia eu dizendo,
Minha formosa Olímpia, que já teve
A nossa Academia de Coimbra
Entre os seus mais ilustres professores
O sábio Cunha. Um erro cometera
O Marquês de Pombal, quando o jesuíta
Zé Monteiro da Rocha despachara
Lente da faculdade. O tal roupeta
Foi sábio e talentoso, mas tratante
E velhaco de marca; do colega
Andava a dizer mal por toda a parte,
E tanto fez o biltre de sotaina,
Que obteve a demissão do desditoso,
O qual metido foi nos duros cárceres
Da Inquisição, do Rocha por intrigas.
– Bem sei de quem tu falas, diz-me Olímpia,
E vamos encontrá-lo com certeza
No primeiro satélite de Júpiter,
Do qual já somos perto; está com ele
Doutor Rufino e o bom Tomás d'Aquino,
Os quais nosso Alighieri convidara

---

[1] Josef Hoëné-Wronski (1776-1853), filósofo e matemático franco-polaco, tendo ficado conhecido pelo seu estudo sobre equações diferenciais e linearidade de funções.

Para um jantar d'amigos. – Dentro em breve
Na designada lua demos fundo,
Onde aqueles meus bons amigos quatro
Me estavam esperando; abraço a todos,
E fomos caminhando lentamente
Para casa do vate florentino.

V

– Tenho inda outra vivenda, o amigo Dante
Me diz, sobre o esferoide mais extenso
Em torno ao qual circulam estes orbes
De dimensões mais curtas; todavia
Eu e estes três amigos preferimos
Vir-te esperar aqui. Vamos andando,
O jantar nos espera, e aos teus amigos
Podes notícias dar da Lusa Atenas. –
Com o maior prazer, lhe digo, e agora,
Que tenho o gosto de encontrar-vos juntos,
Que bom cavaco à mesa não teremos!
　　Doutor Rufino, meu bom mestre e amigo,
Saberás que um rifão que entre nós corre,
E diz *depois de mim há de seguir-se*
Quem me fará ser bom, se verifica
Em relação a ti. No teu serviço
Sucedeu-lhe, bem sabes, doutor Coelho.
– A propósito dele, acode o lente
Que foi do primeiro ano matemático,
Conhece-lo melhor? – Bem me recordo,
Eu tornei, de esse aviso que me deste,
E nunca descobri ao tal sujeito
Que por conselho teu me resolvera
A seguir os estudos matemáticos,
Pois o mesmo valera que a vingança
Provocar de inimigo encapotado.

Mas estava eu dizendo que, por tua
Jubilação, passou do ano primeiro
A reger a cadeira o doutor Coelho.
Depois que tu morreste o homem tornou-se
inda mais esquisito do que dantes;
E, há apenas três anos, por tal sorte
Na lição maltratara um seu discípulo,
Que o estudante (brioso, mas sem tino)
Veio para sua casa e suicidou-se (7).
Talvez que toda a culpa não tivesse
De uma desgraça tal; mas se bom mestre
Soubesse ser, cumprindo os seus deveres
Sem maltratar alguém, não haveria
Esta mancha na nossa faculdade.
Eu por essa ocasião estava ausente
De Coimbra, mas nas folhas e gazetas
Li mais que dar f'riado não queria
Aos discípulos seus no lutuoso
Dia do enterro do infeliz mancebo,
E necessário foi que o seu prelado,
Reitor da Academia, esta homenagem,
Sempre usada nos cursos à memória
De um irmão nos da ciência asp'ros trabalhos
Lhe mandasse observar! Um condiscípulo
Na cadeira de química eu já tive
Que faleceu também durante o curso;
Além de muitos outros, fomos todos
Os 'studantes de química ao enterro
Do nosso camarada, e o próprio lente
Da chave do caixão portador era.

VI

Eu sempre isso esperei na vida pública
De esse doutor (atalha o meu bom mestre).

Na vida de família não campeia
Também por melhor homem (eu lhe torno).
    Há poucos anos inda o celibato
Se lembrou de deixar o doutor Coelho,
E, por desdita de uma bela jovem
Conimbricense, foi ser dele esposo.
Dizem que nunca mais os ares puros
Do campo a respirar tornara a triste;
Mas sempre clausurada em casa estava
A menina infeliz, que o seu consorte
Não lhe dava licença p'ra que ao menos
Espairecer pudesse algumas vezes.
O certo é que em solteira era galante,
Robustez indicando, e, feita esposa
De aquele bom marido, a pobrezita
Por lenta consumpção foi pouco a pouco
Ao túmulo arrastada. Era uma pena
Ver tão mal empregada aquela dama.
    Eu cá, se fosse pai de raparigas
Com anos já de procurar marido,
Em exemplos assim os olhos pondo,
Na escolha teria mais cautela;
Com certeza as não dava a quem nas obras
Do Wronski indo treler, mais aumentava
Reconhecida telha, indício certo
De desestima da consorte sua.

VII

– Agora a mim, me diz Tomás d'Aquino,
Responde, meu querido forasteiro,
Quem a minha cadeira está regendo? -
Um doutor inda novo, eu lhe respondo,
Mas do poder oculto no joguinho

Velho dizer se pode sem grande erro.
– Talvez José Falcão, diz o Rufino,
O que foi reprovado no quarto ano (8),
E de uns tais carbonários estudantes,
Que o raio organizaram, foi grão mestre? –
Acertaste, lhe digo; o mesmo é ele,
O curso repetiu e foi avante.
Depois, já sextanista, ambição teve
De figurar de novo noutros grémios
Da Academia, e às abas da casaca
Do bom Silva Pereira agarradinho,
Prestígio conseguiu nos académicos,
E o Club dirigiu com bases novas (9).
 Por haver quebrantado as leis da casa
O vi já sobre o palco aos seus consócios
Suplicante pedir *bil de indemnidade*,
E todos lhe perdoámos. Pouco tempo
Depois contra o doutor Silva Pereira
Se revolta, e em sessão do diretório,
Audacioso, doestos e impropérios
Profere contra aquele a quem devera
Subir entre os rapazes. 'Stava ausente
O doutor transmontano; de outra sorte
Haveria entre os dois a mesma cena
Que no ano anterior da Filantrópica
Os sócios eleitores praticaram (10).
 Inda me lembro bem das tais proezas
De socos e tapona, a valentia
Mostraram muitos deles; d'honra e brio,
E valor juntamente, os dois Pimentas
Puderam provas dar. Meu condiscípulo,
O Pimenta Joaquim, no ano seguinte
Uso soube fazer da mesma prenda,
Desafrontando a dignidade sua

Por ter levado um *erre* injustamente
No ato de formatura (11). Os dois tosados
Queixaram-se ao prelado, e o bom Pimenta,
Que é hoje capitão de engenheria,
Foi riscado em conselho de decanos.
Mas nem as bofetadas se riscaram
Das caras dos tais súcios, nem tão pouco
Ainda se riscou da opinião pública
De eles a covardia e a injustiça.

VIII

Continuando a falar do mesmo lente
Que foi teu sucessor, Tomás d'Aquino,
Em geração terceira (12), ele é da escola
Que Augusto Comte e Freycinet bateram;
Sustentou que sem dados da experiência
Pôde fundar-se a 'stática! Os negócios
Deixou do Club; achava já pequena,
Depois de doutorado, aquela glória
De se elevar em coisas de estudantes.
Publicou (bem que anónimo) um folheto,
Faz agora anos quatro, elogiando
De Paris a comuna e os petroleiros (13);
Defender tais ladrões achando pouco,
Jogou alguns sarcasmos e ironias
Da nobre França a capitães distintos,
E nem poupara a Mac-Mahon[1] valente!

Fim do canto sétimo.

---

[1] Patrice de MacMahon (1808-1893), general e político francês que liderou a guerra da França contra a Alemanha entre 1873 e 1875. Foi presidente da República entre 1875 e 1879.

NOTAS AO CANTO SÉTIMO

(1)

Galileu Galilei, o maior matemático italiano nos tempos modernos, nasceu em Pisa em 15 de fevereiro de 1564, e faleceu em Arcetri no dia 19 de janeiro de 1642.

(2)

Arquimedes, o maior matemático da antiguidade, amigo e parente do rei Hieron, nasceu em Siracusa 287 anos antes da era cristã.

(3)

Dialoghi quatro, sopra i due massimi sistemi deilmondo, Ptolomaico e Copernicano; 1632.

(4)

OPERE DI GALILEO GALILEI – *Firenze* 1718. A biblioteca da Universidade de Coimbra possui esta obra. No princípio do 1.º volume encontra-se uma biografia do sábio matemático por Viviani, e em seguida três sonetos para amostra das suas produções em literatura. Escolhemos um deles, o que nos agradou mais, para darmos no texto a sua tradução; mas como a passagem para a nossa língua, verso por verso e com rimas obrigadas, exige algumas vezes menor fidelidade de pensamento, aqui apresentamos o original:

SONETO

Mentre spiegava al secolo vetusto
Segni dei furor suo crudeli, ed empi,
Tra gl' incendi, e le stragi, e i duri scempi,
Seco dicea l'Imperadore ingiusto:

Il Regno mio d'alte ruine onusto,
Le gran moli destrutte, e gli arsi Tempj
Portin la mia grandezza in fieri esempj
Dall' agghiaciato Polo al lido adusto.

Tal quest' altera, che sua mente cruda
Cinge d' impenetrabile diaspro,
E nel mio pianto accresce sua durezza,

Armata di furor, di pietà ignuda,
Spesso mi dice in suon crudele, ed aspro:
Splenda nel fuoco tuo la mia belezza.

(5)

Cours de Philosophie Positive, 1.º vol.

(6)

Wronsky, famoso matemático e filosofo místico, nascido em Posen em 1775 ....

Em 1818 intentou um processo contra um rico negociante chamado Arson, do qual reclamava a quantia de 200.000 francos, preço convencionado da iniciação deste discípulo no conhecimento do infinito e do absoluto ....
....

O tribunal julgou procedente a ação, e o público ficou na dúvida sobre qual das duas cousas era mais para admirar, se o descarado charlatanismo do sábio mistificador, se a crédula simplicidade do patau.

Wronsky não deixou todavia de continuar com as suas publicações místico-cientificas; mas a sua *Introdução ao Sphinge* (Paris, 1818) e o novo sistema religioso, filosófico e político que expôs no *Messianismo* (Paris 1831-1840) foram mal recebidos.

Morreu em agosto de 1853, em Neuilly perto de Paris, depois de se ter mostrado um dos mais decididos adversários dos caminhos de ferro.

(*Dictionnaire de la Conversation*, Wronsky).

(7)

Este deplorável acontecimento teve lugar em 11 de março de 1872; o desditoso estudante chamava-se Augusto Marques Galhano. Veja-se o *Conimbricense* do dia 12 do mesmo mês e ano.

(8)

O Sr. Dr. José Joaquim Pereira Falcão era quartanista de matemática no ano letivo de 1862 a 1863 e ficou reprovado no seu exame para o grau de bacharel. Repetiu o curso no ano seguinte e seguiu por diante.

(9)

No ano letivo de 1865 a 1866 as duas sociedades recreativas *Academia Dramática* e *Club Académico* fizeram fusão, compondo uma só com a denominação de *Nova Academia Dramática*. O Sr. Dr. Falcão foi um dos diretores.

(10)

Nesse mesmo ano letivo, já na última época, por ocasião das eleições da direção e conselho fiscal da sociedade Filantrópico- -Académica, havendo dois partidos, e chegando a ser grandes as animosidades e paixões de cada um, houve entre os estudantes de uma e de outra fação o argumento muito convincente de panca- daria e soco, coisa que já não era nova em Portugal nas eleições de câmaras municipais, deputados, etc.

(11)

O Sr. Joaquim Pereira Pimenta de Castro, hoje capitão de engenheiros, frequentou o quinto ano matemático no ano letivo de 1866 a 1867.

Tendo levado acintosamente um R no seu ato de formatura, deitado pelo Sr. Dr. Florêncio Mago Barreto Feio, no dia seguinte esperou na rua do Norte o mesmo examinador, e fez justiça *pelas suas mãos* neste lente e no colega que o acompanhava, o Sr. Dr. Francisco Pereira de Torres Coelho.

(12)

Pela jubilação do Dr. Tomás d'Aquino de Carvalho sucedeu- -lhe na cadeira de mecânica celeste o Dr. Jácome Luís Sarmento, e pelo falecimento deste lente, em 1874, sucedeu-lhe o Sr. Dr. José Joaquim Pereira Falcão.

(13)

O título da obra era: *A comuna de Paris e o governo de Versailles.* Saiu dos prelos da Universidade em 1871. Mais tarde, em maio de 1873, no n.º2 do *Piparote*, apareceu entre outras uma caricatura que representa o autor do folheto petroleiro tratando negociações com um comerciante de petróleo.

CANTO OITAVO

JANTAR NO 1.º SATÉLITE DE JÚPITER, E VIAGEM AO GRANDE PLANETA

I

Nestes e outros assuntos de conversa
O tempo de caminho aproveitando,
À habitação chegámos do bom Dante.
Era uma linda casa, situada
No alto de uma colina; a um lado tinha
Um pequeno jardim, porém bonito,
Com fontes e repuxo, e estátuas belas
De jaspe ou do alabastro. Vi de Homero
O venerando busto, e o de Virgílio
Em frente lhe fazia simetria;
De Heródoto e Justino, de Plutarco
E de Cornélio Nepos igualmente
Honrada era a memória. O bom Tucídides,
Que num 'stilo tão lindo um feio quadro
(Peste d'Atenas) descrever-nos soube,
Tinha também seu busto ao lado de outro,
O de João Boccaccio, que não menos
Foi distinto estilista, quanto pinta
Aos olhos do leitor a epidemia
Que Florença assolou no tempo dele.
　Alguns caramanchões, de trepadeiras
Forrados e de flores odoríferas,
Um lago pequenino, mas gracioso,
Havia no jardim, quo terminava
Num mirante que dava sobre o vale.

Aqui já preparada estava a mesa,
Coberta de iguarias e de frutas
E de vinhos tão bons como os melhores
Do Porto, de Bordéus e da Madeira;
De frondosos loureiros grata sombra
Se projetava já sobre o mirante,
E, sem do Sol os raios importunos
Receber, os convivas nos sentámos
Àquela bem servida e lauta mesa.
　　Além dos quatro amigos que fizeram
A fineza de vir ao nosso encontro,
Mais 'stava o bom Correia (1), que já fora
De Braga no Liceu meu sábio mestre
Da língua de Demóstenes e Homero;
Anna Dacier (2) se achava ao lado deste
Professor português; cumprimentou-me
Com muito agrado e estima, imenso gosto
Mostrando ter de ver-me em tal banquete.
　　Outra sábia também, outra helenista,
Notável pelo amor à matemática,
Co' os dois recém-chegados completava
O quadrado de três; era a Condessa
Agnesi (3), a nobre dama italiana
Que, entre outros, publicara alguns trabalhos
Em cálculo integral, notavelmente
Sobre a separação das variáveis
Hipóteses diversas discutindo
Com muita paciência. Esta surpresa
Me tinha preparado o amigo Dante.

II

Animada corria e muito alegre
A conversa, entre copos e manjares,

E sobretudo aquelas duas damas,
Distintas helenistas, com int'resse
Gostavam de saber qual 'studo e estima
Em Portugal têm hoje as línguas clássicas.
De Homero a apaixonada tradutora,
A notável Dacier, me interrogara
Neste ponto do nosso ensino público;
Eu falei a verdade, e assim lhes disse:
    Dor inefável mandas que renove (4),
Ordenando que eu conte o lamentável
Estado a que chegou na secundária
Instrução o serviço. Inda eu tivera
De latim dez lições cada semana,
E andei mais de três anos nos trabalhos
Do estudo de latim; mas algum tanto
De Ovídio e de Virgílio entendo a língua,
E as notáveis belezas aprecio.
Hoje a coisa é diversa: a homeopatia
Os liceus invadiu na lusa terra,
E três lições ou quatro por semana
(E até duas!) se julgam suficientes
P'ra os jovens estudantes aprenderem,
Com três anos ou quatro só de estudo,
A traduzir Horácio e entender Lívio!
    Ora esta não é só toda a desgraça
Que os liceus arruinou, e dentro em breve
Os há de aniquilar completamente,
Não ficando um aluno em todos eles.
Estão tão divididas, retalhadas
Pelos anos diversos as matérias
Da instrução secundária, e juntamente
Tantas coisas a um tempo aprender devem
No ensino oficial os estudantes,
Que cada um deles sai no fim do curso

Um tal *petrus in cunctis, ni'l in omnibus.*
    Mas tudo isto inda é pouco; a competência
Já não é qualidade indispensável
Para ser professor. Cadeiras vagam,
E por um modo célebre, *sui generis,*
Cuida o governo agora de provê-las.
Ou transfere a capricho, ou inda à sorte,
Um professor para ir reger cadeira
Que ficou vaga, embora ela não seja
Aquela em que o tal mestre é competente;
Ou, na falta de um mestre transferível,
Agarra no primeiro valdevinos
Que por meia ração (e desfalcada
Com dois meses de férias no ordenado!)
Se presta a tal serviço. O resultado
É termos nos liceus já muitos mestres
A lecionar matérias que não sabem;
Mas isso importa pouco, que o problema
É só fazer barato o ensino público,
Custe embora aos rapazes (nos exames
Inevitavelmente reprovados)
Perder todo o seu tempo e algum dinheiro.
Assim cresce a ignorância, e co' um sorriso
De ironia cruel nos diz a história:
Os povos têm governos que merecem (5).

III

– E como vai, pergunta a ilustre Agnesi,
O ensino lá por Coimbra de essa *análise*
Infinitesimal, o mais valente
Instrumento de cálculo empregado
Nas mais duras questões de matemática? –
    Está no ano segundo colocada

A cadeira em que é lida esta matéria
(Eu respondi à sábia milanesa),
Mas o seu lente ocupa-se bem pouco
Com a filosofia de tal cálculo.
Inda hoje um tal Francoeur serve de texto
P'ra as lições dos 'studantes, mas nem essas
Sabe o lente explicar; o antigo abuso
O dispensa de tal, e só se importa
Que, chamando à lição qualquer discípulo,
Este baralhe bem *dê xis, dê ípsilon,*
E faça todo o cálculo do livro
Embora a razão dele não entenda (6).
– Um homem de roupeta, o Zé Monteiro,
(Disse então o Anastácio) tal pecado
Original deixou na faculdade;
Só maraus escolhia e outros congéneres
O manhoso jesuíta p'ra colegas.
Isso emenda não tem; e se hoje à Lísia
O Marquês de Pombal de novo fosse,
É muito de prever talvez que o próprio
Sábio reformador se arrependesse,
Vendo o que por lá vai, da obra sua. –

IV

Hóspedes e amigos meus, então Dante
Nos diz neste momento, ao pé do lago,
Sobre mesas de mármore e entre flores,
'Stá servido o café; variar de sítio
Talvez que vos agrade. – É bem lembrado,
Dissemos, e o mirante abandonando,
Junto do lago fomos assentar-nos.
    Em chávenas de louça, inda mais rica
Que a da China ou de Sèvres, saboreámos

De Voltaire a bebida predileta;
Veneno lento lhe chamava o sábio,
E tão lento, que em mais de anos oitenta
Não tinha conseguido envená-lo.
Bons charutos de Havana e de Manilha
Havia à discrição, e entre conversas,
Cada qual mais chistosa, alegremente
Até ser quase noite entretivemos
O restante da tarde. O bom Rufino
Anedotas sabia engraçadíssimas
De frades, de estudantes, de burgueses,
E de capitães-mores; do cavaco
As honras lhe couberam com certeza
Naquela reunião. Entre outras muitas,
Do padre José Pedro, um dos famosos
E engraçados trocistas que tem tido
A lusa academia, uma partida,
Que aos seus próprios colegas pregar soube,
O doutor nos contou, e é a seguinte:

V

Anos há já bastantes, quando ainda
De azeite à luz, de lata em candeeiros,
De Coimbra os académicos 'studavam
Em casa recolhidos, obediência
Prestando à *cabra*, que tocara às *tristes* (1);
Quando, abraçado tendo o pai e os manos,
Com as bênçãos paternas se partia
O futuro doutor, escarranchado
No lombo de um cavalo ou de um jerico,
Para a Universidade, e uns bons três dias,
Ou mais, gastava às vezes um mancebo
Para chegar maçado à Lusa Atenas,

O seu nome escrever no livro *in folio* (8),
E regressar somente no fim do ano,
Depois de feitos todos seus exames;
Quando a capa e batina mais rasgada,
Remendada ou sebenta, o sinal era
De ser vet'rano o dono que a vestia:
Nesses tempos antigos, de que as rimas
De Francisco Malhão e a macarrónea
Do *métrico palito* alguma ideia
Ao leitor arqueólogo dar podem,
Brilhou na boa Coimbra um académico
Pelas suas partidas engraçadas,
E logros, travessuras que pregava
Dos verdeais à célebre polícia.
　　Era o padre Zé Pedro. Este patusco
Tornou-se o Cabrion daquela gente,
(Meirinho e a ronda sua); encontradiço
Às vezes só fazia p'ra avisá-la
De que ia p'ra sua casa, e bem depressa
Numa esquina se esbarra com tal súcia
P'ra dar-lhe igual aviso. Em certa noite
Fez um sarilho armar no andar segundo
Da casa de um amigo, e tinha a postos
Seus hábeis ajudantes; té à rua
As cordas vinham ter, pequena prancha
Sustendo de madeira. O arrelioso,
Folgazão estudando uns lençóis cose,
E uma túnica branca assim arranja
Parecendo um dominó; co' ela se veste,
E de pé sobre a prancha vem postar-se,
'Sperando a dos verdeais noturna ronda.
Esta faz alto ao ver o branco vulto,
E *quem vem lá* pergunta: então Zé Pedro
Uma alma do outro mundo lhe responde.

Quem é? Basta de graças, torna o chefe
Da polícia académica, e de novo
Ouve a resposta: *uma alma do outro mundo.*
Cheios de medo ficam quase todos,
Mas um dos verdeais mais animoso
Avança contra o vulto; este o segura,
E sem demora gira o tal sarilho,
Guindando aquele par. A pouca altura
Subidos já, Zé Pedro cair deixa
O polícia infeliz, que já gritava
A bom gritar, cuidando que levado
Era pelo diabo, ou pouco menos.
    O meirinho fugiu, fugiram todos
Os outros verdeais, e o destemido
Não corre tão veloz como os colegas,
Porque as dores da queda o não deixavam.
O padre José Pedro e os companheiros
Se riam a bom rir da travessura.

VI

Um dia nos gerais, antes da entrada
P'ra as aulas, o bom padre aos condiscípulos
E outros amigos seus teve a lembrança
De um logro lhes pregar. Muito em segredo
Fala a um deles e diz-lhe: hoje p'ra a ceia
Eu tenho uma perdiz, que me mandara
Um amigo do campo. Se quiseres
Fazer-me companhia, chegar pode
Inda assim para dois, porém não digas
De isto nada a ninguém; bem vês que há p'rigo
De virem visitar-me à hora da ceia.
Seria um contratempo ver crescido
O divisor sem ter o dividendo

Crescido em proporção. – Ora está claro
Que o tal amigo aceita e bom segredo
Lhe promete guardar, que o p'rigo é d'ambos
Se aparece um terceiro por conviva.
Mas o maganão padre, disfarçando
Por algum tempo, avisa outro patusco
Com as mesmas cautelas e segredo;
E prosseguindo assim, foi convidando
Mais de vinte estudantes para a ceia
Sem saber uns dos outros, e as nove horas
P'ra comer a perdiz marcadas foram.
    Mal soaram as oito no relógio
Das escolas gerais na velha torre,
E na casa do padre entra um 'studante
Dos muitos convidados. – 'Stás em casa,
Zé Pedro? – Entra, fulano, este responde,
E no cavaco ou bisca principiam
A fazer horas, esperando as nove.
Mas logo vem segundo. – O José Pedro,
Posso entrar? – Entra amigo. – Um contratempo
Já parece ao primeiro visitante.
Depois vem um terceiro, um quarto chega,
E dentro em breve a casa estava cheia.
Mas as nove horas soam, e os convivas
Sem saber uns dos outros, entendendo
Ser casual aquele encontro, esperam
Cada um que os outros todos se retirem.
Mas qual história! o tempo ia correndo,
E nenhum em sair era o primeiro.
Evitando dest'arte o haver segundo.
    Alguém que era mais 'sperto, em confidência
Chama um amigo e diz-lhe: – eu cear devo
Co'o padre José Pedro, mas preciso
Que as visitas nos deixem; vê se podes

Fazer que eles te sigam. – Essa agora,
O amigo lhe responde, é mais galante;
Eu também convidado fui p'ra a ceia! –
Espera, o outro lhe torna, isto partida
Me parece do padre, e sem resposta
Não devemos deixar; vai entretê-lo,
Que eu cuido da desforra. – Enquanto o padre
É detido em conversa por uns poucos,
Num acordo vêm todos os logrados
E, procurando bem, 'scondido encontram
Um soberbo presunto. A presa toma
Um deles, sob a capa bem a oculta,
E, fazendo amigáveis despedidas,
Sem ceia partem todos.

VII

                    O Zé Pedro,
Que os viu tão satisfeitos pôr-se ao fresco,
Tem por certo que alguma lhe pregaram;
E procurando logo, a falta encontra
Do escondido presunto. Sem demora
Toma a capa, e a esperá-los numa esquina
Disfarçado correu. Ora pesava
O furtado pernil, nem os rapazes
Acostumados 'stavam a transportes
De coisas tão pesadas; e por isso,
P'ra dar folga e descanso, andava a peça
De mão em mão no rancho dos 'studantes.
Escura estava a noite, e quando passa
A turba juvenil co'a presa sua
Ao pé da tal esquina onde emboscado
Estava o padre Zé, este se mete
No grupo e a descobrir não tarda o súcio,

Que levava o tal furto saboroso.
– Agora levo-o eu, – com voz sumida
Diz o padre, e de novo reavendo
A carne de fumeiro, na mais próxima
Esquina se esgueirou. Correu p'ra casa
E foi guardar melhor pernil tão célebre. –

VIII

Assim falou Rufino, e seguimento
Lhe fez Tomás d'Aquino nestes termos:
– Do Padre José Pedro essa partida
Fez-me lembrar uma outra inda mais bela,
Mas pouco caridosa, que pregara
No princípio da ponte a uns pobres cegos.
'Stavam os infelizes, sem ter moços
E inda menos rebeca, aos transeuntes
Pedindo esmola, e o padre José Pedro
Que saíra a passeio, acompanhado
De três ou quatro amigos, disse a estes:
– Qual de vós paga o vinho e as assadinhas
Castanhas, se eu brigar fizer os cegos? –
Eu, disse um, mas depois de vê-los ambos
A jogar bordoada. – O pacto aceito,
Torna o padre, e deixai por minha conta
Este negócio. – Então chega o magano
À ponte, ao pé dos cegos, e diz alto:
– Aqui tem, pobre irmão; de este pataco
Dê de troco um vintém ao outro cego. –
Falou, mas não deu nada; os dois ceguinhos
Enganados ficaram. – Dá-me, disse
Um dos cegos, irmão, a minha parte
Da esmola que deixara aquele nosso
Bondoso benfeitor.

2.º Cego

          É bem lembrado
Esse pedido teu! Dele recebes
A esmola de nós ambos, e devendo
Comigo repartir, inda mais queres!
Deixa-te de brinquedos, é já tempo
De o quinhão que me toca me entregares.

1.º Cego

Essa é que é nova! Graças não te admito;
Quero já meu vintém, pronto me o entrega.

2.º Cego

Isso mais devagar; eu não gracejo,
Não recebi a esmola e tu me a deves.

1.º Cego

Ah teimas? furtar queres? Ou me entregas
O vintém que me toca, ou meu cerquinho
O troco te vai dar que tu me pedes.

2.º Cego

Pois ele é isso? Espera.

          E sem demora
Dão pancada de cego os pobres cegos,
Julgando cada qual que era roubado
Pelo colega seu. Aquela rixa,

Que estava divertindo os brejeirolas,
Disse inda o maganão do José Pedro
Que ia pôr termo. Estavam animados,
Com vontade cada um de matar o outro,
Mas chega o padre e diz com modo aflito:
– Não, de faca, isso não. – Esta advertência
Foi naquela fervura deitar água;
Cada cego julgou que vinha armado
O outro de um facalhão de palmo e meio,
E tratou de evitar o seu contrário.

IX

– Eu também sei um conto engraçadíssimo
Para contar (exclamo prontamente);
Agora me lembrou, por haver nele
Um engano par'cido co' o dos cegos,
E que uma tal Flammeta e um moço (Grego
Era chamado) bem pregar souberam
A uns príncipes lombardos... – Basta, basta,
Alighieri nos diz, meu forasteiro;
O tempo não nos chega para histórias
Aqui ficar contando. São bonitas,
Por certo, as anedotas, mas é tempo
De ir para o continente, isto é, p'ra Júpiter,
Se aqui ficar não queres; isto é campo,
E não tem mais que ver. A tarde é pouca,
E melhor me parece que já vamos
Para o grande planeta; a minha casa
'Stá sempre às ordens tuas, mas desejo
Que assistas à sessão de um instituto,
Que para o dia de hoje está marcada,
E há de ser às nove horas de esta noite.
Vamos lá? – Quando queiras, lhe respondo. –

– Agora mesmo. Olá, venha a falua –
Diz Dante, e um lindo barco chegar vejo
Sem remos e sem velas. Sob a quilha
Achei porém uma hélice engenhosa,
A qual relação tinha co' um teclado
Colocado a bombordo ao pé da popa.
Não percebi qual fosse o maquinismo,
E até pouco cuidado isso me dava,
Por já 'star costumado às maravilhas
Das viações no espaço planetário;
Mas sei que entrámos todos para dentro,
Uns a bombordo, os outros a estibordo
Nos assentámos bem, e o sábio Dante,
Co' a mão esquerda o leme governando,
Tocava no teclado co' a direita.

X

Há por cá muita gente que não cessa
De louvar a viação feita em comboios
Sobre os férreos carris. Tal geringonça,
Exceto quando pára, dos viajantes
Atormenta os ouvidos com seus guinchos.
E mais *tum-tum, tum-tum* todo o caminho
Indo sempre a fazer. Talvez que Wronsky,
Esse homem que inventou funções alefas
E outros charlatanismos, rejeitasse
Por tal motivo a marcha acelerada;
Se por isto não foi, razão não acho
Para que o tal polaco preferisse
Ao cómodo *wagon* o passo do asno
Ou da manhosa mula. Mas a gente
Que tem tino na bola ama o progresso,
E as vozes do tal Wronsky não chegaram

Ao céu seguramente, e só quejandos
Pataratas como ele rendem culto
Às fórmulas bastardas, cabalísticas,
Falsa moeda que ninguém já aceita.
    Mas, voltando a falar das vias férreas,
Todo o bom progressista as louva e admira;
E até não sei por que nas duas Beiras,
Feitos tantos estudos, tantas coisas,
Inda não principiam os trabalhos
Da construção. Já tempo e mais que tempo
Era de começar tal benefício
Que os beirões bem merecem, e as riquezas
Agrícolas da terra p'ra o transporte
Dos produtos reclamam altamente.
Ora esta gente assim que não diria,
Admirada, se visse o lindo bote
Do poeta florentino percorrendo,
Sem o menor abalo, o longo espaço
Entre Jove e o primeiro seu satélite?!
Mas isto inda era o menos; lindas árias,
De um timbre quase de harpa, executadas
Eram sobre o teclado, ao mesmo tempo
Que da hélice o girar impulso dava
A tão lindo batel. Veloz ou lento
Caminhava este barco com a música
Em *allegro* ou *andante*, que o piloto
Tocava no teclado e regulava
Com registos, quais de órgão ou de *harmonium*.
Assim fomos andando, e quase à noite
Em Júpiter fundeámos num terraço
Junto do palacete do distinto
Poeta de Florença, e que era agora
Um piloto instruído, sem cronómetro
Precisar ter e náutico almanaque,

Nem uso ser preciso que fizesse
Do oitante p'ra tomar do Sol a altura.

Fim do canto oitavo.

NOTAS AO CANTO OITAVO

(1)

João Maria d'Araújo Correia, bacharel formado em direito, foi professor de grego no liceu de Braga. Faleceu no ano letivo de 1862 a 1863.

(2)

Anna Lefèvre Dacier, filha de Tanneguy Lefèvre, nasceu em Saumur em 1651, e faleceu em Paris em 1720. Às virtudes de família, extremosa filha, boa esposa, e terna mãe, juntava as qualidades de distinta filóloga e crítica, acompanhadas de muita modéstia.

Ela, e ainda seu marido, contribuíram poderosamente em França para sustentar o gosto pelos estudos clássicos.

Anna Dacier foi tradutora incansável de vários autores latinos e gregos; as suas traduções da *Ilíada* e da *Odisseia* são contadas entre as melhores que a língua francesa possui de estes dois poemas monumentais.

(3)

Maria Caetana Agnesi, sábia italiana, nasceu em Milão em 1718, e faleceu em 1799. Tornou-se célebre por seu prodigioso e prematuro engenho no estudo das línguas e ciências.

Era filha de D. Pedro di Agnesi, lente da Universidade de Bolonha. Não só foi profunda no conhecimento das línguas clássicas (a latina e grega), as quais falava com a maior facilidade, mas, além destas, estudou com muito ardor a francesa, espanhola e alemã, a geometria e a filosofia.

Em casa de seu pai se congregava uma assembleia de sábios e

literatos, entre os quais a filha, rica de beleza e de talentos, dirigia a conversação, expondo e defendendo as suas ideias em filosofia, as quais em parte foram publicadas por seu pai no livro *Propositiones Philosophicae*, Milão 1734.

Desde a idade de vinte anos entregou-se com mais particular ardor ao estudo da matemática. Escreveu uma dissertação sobre as secções cómicas, a qual não chegou a ser impressa, e publicou *Instituzioni analitiche*, 2 vol., Milão 1748. Esta obra foi traduzida em francês por Antelmey sob o título *Traité elementaire de calcul differentiel e integral*, com notas de Bossut, Paris 1775.

Estudando no livro *Opere del conte Jacopo Riccati* (Luca 1771) os trabalhos dos analistas do século passado sobre a famosa equação

$$ax^m\, dx + cy^2\, x^n\, dx = dy \ldots\ldots (a),$$

proposta por aquele matemático italiano aos geómetras do seu tempo, tivemos ocasião de conhecer, a propósito do uma hipótese engenhosa para a separação das variáveis numa equação diferencial, o merecimento da ilustre Condessa Agnesi.

Os maiores geómetras do seu tempo se ocuparam com aquele problema proposto, isto é, determinar os infinitos valores de m, com os quais as variáveis se tornam separáveis na equação (a), ou os do n nesta mais simples a que aquele se pode reduzir

$$du + Au^2\, dx = Bx^n\, dx.$$

A ilustrada Agnesi inseriu nas suas *instituições analíticas* a solução achada pelo abade Suzzi; e na citada obra de Riccati se encontram as soluções obtidas pelo mesmo Riccati, por Nicolau e por Daniel Bernoulli, e bem assim um trabalho do abade Suzzi a propósito do mesmo célebre problema.

(4)

Infandum, regina, jubes renovare dolorem.

VIRG. *En.* Canto 2.º

(5)

No *Primeiro de Janeiro* de 10 de outubro de 1875 lê-se no artigo de fundo, entre outros tópicos, os seguintes, que, com a devida vénia, transcrevemos.

...Nenhum (ramo de serviço) há, todavia, que ofereça mais lastimoso aspeto do que o serviço da instrução pública.

....
....
....

De ano para ano diminui a frequência nos liceus. Alguns há em que as matrículas estão reduzidas a menos da sexta parte do que eram há seis anos.

....
....
....

Em 1869, e por lei de 2 de setembro foi determinado que não se fizessem despachos de professores de instrução secundária, enquanto não se levasse a efeito uma reforma geral da instrução pública. A providência era acertada. Mas, como de sua própria natureza decorre, esta providência era meramente transitória, e subordinada ao pensamento da breve apresentação da reforma geral, a que se referia.

....
....
....

Ninguém diria, que depois de cinco anos de gerência limpa de dificuldades internas e externas, as coisas ainda subsistiriam no mesmo pé de 1869, convertendo-se em definitiva aquela medida de carácter meramente provisório. Pois assim sucede.

....
....
....

A situação criada por esta inércia não pode ser mais crítica. A morte e os anos é que não esperam. De 1869 até hoje tem havido grande movimento no corpo do professorado, e forçoso é acudir às falhas. O sistema vigente é curioso. Vaga uma cadeira de matemática? vai-se buscar para a reger um professor de latim. Não se pense que isto é hipótese de nossa invenção. Aí vão alguns factos do nosso conhecimento: – no liceu da Guarda a cadeira de matemática está confiada a um bacharel em leis e o professor de latim, que não tem nenhum curso de ciências naturais, rege a cadeira de introdução; em Viana um professor de latim foi obrigado a ensinar geografia; em Beja o professor de francês era também professor de matemática; e em todos os mais liceus sucede o mesmo.

Há outra variante que é ainda melhor. A transferência de professores de umas para outras cadeiras e o expediente das acumulações, tão fatal para o ensino, não supre a todas as faltas do pessoal. Inventou-se, por isso, o sistema dos professores provisórios. Vaga uma cadeira de matemática; se não há um professor de latim para lhe confiar a regência da cadeira, dá-se este encargo ao primeiro valdevinos, que pode fazer-se recomendar para esse mister. Dispensa-se concurso, prova de habilitações e tudo enfim que possa ser garantia de capacidade.

....
....
....

E fica o mestre feito. Destes há já algumas dúzias espalhadas pelos diferentes liceus.

Ora é bem de ver, que com professores provisórios, a instrução não pode deixar de ser provisória, e provisório o aproveitamento dos alunos. Por isso na época dos exames os filhos dos liceus são dizimados por uma mortandade horrorosa.

Os chefes de família compreenderam já a situação, e as aulas públicas vão ficando desertas.

....

....

....

A instrução pública vai-se pela água abaixo, mas as inscrições conservam-se a 50. O país aplaude, bendiz uma atividade que deixa agonizar a instrução pública e faz subir enormemente a dívida flutuante, e a história sorri com cruel ironia, atirando-nos à cara com esta sentença:

Os povos têm o governo que merecem.

(6)

Entre outras provas de incompetência, ou de ignorância, o Sr. Dr. Raimundo Venâncio Rodrigues, lente da 2.ª cadeira de matemática em Coimbra, exibiu as seguintes, como arguente a um ato público em 11 de janeiro de 1875:

1.ª

Confunde *análise infinitesimal* (expressão sinónima de *cálculo diferencial e integral*) com o *método infinitesimal (!)*

2.ª

Não aceita a definição de infinitamente pequeno – *uma quantidade variável que tem por limite zero* (Devia ao menos ter lido os opúsculos respetivos de Carnot e de Freycinet).

3.ª

Não conhece (e emenda!) a classificação de funções em *funções concretas* e *funções analíticas*. (Se tivesse lido o liv. 2.º do cálculo de Duhamel, ou a lição 4.ª do curso de filosofia positiva de A. Comte, não revelaria num ato público tão supina ignorância).

4.ª

Confundindo funções similhantes com curvas similhantes, define aquelas: as que têm a mesma composição analítica *e os pa-râmetros proporcionais (!)*

(7)

O toque de uma sineta (*a cabra*), o qual costuma ser às seis horas de tarde desde outubro até à Páscoa, e às sete de aí até ao fim do ano letivo, é sinal de que o dia seguinte é dia de aula.

Na época a que se refere o episódio do texto era este toque denominado *das tristes* (entende-se horas), e os estudantes eram obrigados a recolher-se às suas casas para estudar; a ronda dos verdeais prendia os transgressores. Às dez horas da noite, ou onze conforme a estação, havia outro toque, o *das alegres*, o qual punha fim à *ração* de tempo de estudo. Coisas de Coimbra, ou *de rebus Universitatis*.

Hoje há ainda o primeiro daqueles avisos, mas já não conserva a antiga denominação. A sineta cabra é que ainda não perdeu a sua.

(8)

O livro da matrícula.

CANTO NONO

SESSÃO NO INSTITUTO, E SARAU MUSICAL NO ESFEROIDE DE JÚPITER

I

Numa espaçosa sala quadrilonga
Achavam-se reunidos muitos sábios,
Os sócios do instituto; as horas nove
Eram quase da noite, e discutida
Por inscritos, diversos oradores
Nessa sessão devia ser a tese:
Qual das diversas formas de governo
A melhor vem a ser? Em companhia
Eu partira do bom Tomás d'Aquino
Para assistir dos sábios ao congresso;
Mas pedi ao doutor, que par do reino
Já fora em Portugal, me conservasse
Qualidade de incógnito, e entre os muitos
Ouvintes assistentes nós ficássemos.
– Fazes bem, me disse ele; isto maçada
Vem a ser quase sempre, e bem podemos
À formiga sair, quando entenderes
Que basta de aturar dos palradores
'Stupadas e discursos. – Fomos logo
Algum banco tomar donde pudéssemos
Ouvir bem claramente o arrazoado
Dos oradores, e sem grande custo
Nos safarmos também sem ser notados.

II

No meio de um dos lados mais pequenos
De aquele quadrilongo o presidente
Tomara o seu lugar numa cadeira
Mais alta do que as outras, e par'cida
Co' um púlpito ou tribuna; os demais sócios
De um lado e de outro estavam assentados
Em volta da tal sala, e um pouco acima
Do nível da plateia que aos ouvintes
Era o lugar marcado. Uns sinfonistas
De instrumentos metálicos ao fundo
'Stavam do quadrilongo, e começava
Pelos seus bons serviços toda a festa.
    Depois de alguns compassos de fanfarra,
Duas dúzias ou três em *moderato*
Seriam quando muito, o sábio mestre
De ceremónias fez sinal, e os músicos
Deixaram de soprar nos instrumentos.
A palavra dá logo o presidente
De aqueles sábios ao primeiro inscrito
E que tinha por nome Dom Morgado.
Com toda a gravidade e altas maneiras
Levanta-se o orador, e à presidência,
Aos sócios, à assembleia respeitável
Tendo pedido vénia, assim começa:

III

– Muito ilustres e sábios académicos,
Respeitáveis senhores, se o primeiro
Eu sou para falar sobre a matéria
Dada p'ra ordem do dia, a atenção vossa

Espero não cansar, pois serei breve,
E o meu voto já digo em poucas frases:
Não há melhor governo e mais legítimo
Do que a pura, absoluta monarquia.
    Não me quero servir de alguns sofismas,
De todos vós por certo conhecidos,
P'ra sustentar meu voto; sem rebuços
Vou, pão pão, quejo quejo, dizer tudo
O que entendo ser útil, vantajoso
Ao bem da sociedade e monarquistas.
    Assim como aos rebanhos foram dados
Pastores, não somente p'ra guardá-los,
Mas também p'ra tosquiá-los e mugi-los,
Embora os amimais fiquem ao frio
E falta de alimento as crias sofram;
Do mesmo modo tem a arraia miúda
Por pastores os reis, os donatários,
Os senhores feudais, capitães mores,
Para do seu suor, duros trabalhos,
O proveito colher. E gema o povo,
Que só para gemer, servir os grandes,
Granjear-lhes sustento e diverti-los
É que ele foi criado. Ora está claro,
Postos estes princípios, que a única
Legal e justa forma de governo
É a pura monarquia. Viu-se nunca
Algum carneiro ou bode a dar sentenças
Ao pastor do rabanho? Por ventura
A conselho de estado, a parlamentos,
Convocara o bom Dáfnis suas reses?
Tal coisa não se lê do bom Teócrito
Nos mimosos idílios; e por isso
Os rebanhos humanos devem sempre
Co' a sorte que lhes toca conformar-se.

P'ra bem da humanidade eu não descubro
Um governo melhor que a monarquia
Absoluta, sem peias; pode um príncipe
A um seu fiel valido dar prebendas,
Rendimentos enormes, com os dízimos
Do povo agricultor, com sinecuras
Lucrosas e de grande poderio,
E que *de jure* e herdade na família
Do feliz cortesão às vezes ficam.
    Com a lei vincular condignas rendas
Os morgados magnates conservamos
Na nossa descendência; os primogénitos
Dos seus avós o brilho perpetuam,
E para sustentar filhos segundos
Temos os privilégios. Os cadetes,
Sem queimar as pestanas nos estudos
Para aprender as ciências matemáticas,
A fortificação e inda outras cousas
De tática e balística, preterem
Na carreira das armas os mancebos
Que, embora saibam muito, devem sempre
Subalternos ficar da nossa gente.
    E na magistratura também temos
Guardadas preferências; entram logo
Por juízes de fora na carreira,
E seguem a correr. Chegam depressa
Do Paço ao desembargo, enquanto os outros,
Os da arraia miúda, marcam passo
Nos primeiros despachos; são felizes,
Se às relações chegarem na velhice.
    De obter ricos maridos p'ra as cachopas
Meio fácil nos dão os privilégios
Que temos, combinado co' a cegueira
Do basbaque Zé Povo; um burguês rico

E enfatuado tolo mil venturas
Em patrícia aliança encontra sempre.
  Eu, por estas razões, e inda outras muitas.
Voto sempre em favor do absolutismo. –

IV

Assim falou Morgado e foi sentar-se
Para não cansar mais as pernas suas.
Então Barrete Frígio, a quem tocava
Ser segundo a chilrar, com ligeireza
Se levanta e o discurso assim começa:
– Nobres e honrados sócios, respeitável,
Ilustrada assembleia, eu principio
Por discordar da opinião do egrégio,
Que ora acabais de ouvir, preopinante;
E para usar também de igual franqueza,
Sem ter papas na língua, eu já declaro
Que nem acho melhor nem mais legítima
Careta de governo que a república.
  Esta é que é a melhor forma e mais perfeita
Para qualquer magano ou troca-tintas,
Sabendo bem falar do povo às turbas,
Se poder arranjar. Povo sois isto,
Aquilo sois também, mais esta cousa
Que dizer me esquecia, e inda outras muitas
As quais nem vós, nem eu, nem ninguém sabe.
Só vós 'scolher podeis quem vos governe,
E se não andar bem, na rua o ponde
Para vir outro que pior vos sirva,
Vos dê mais vergalhada e mais vos roube.
Zé Povinho, que é tolo, as palmas bate,
E diz: – oh que grande hom' aqui não temos!
Se assim houvessem sido os outros todos,

Melhor galo, por certo, nas cantara.
Leva arriba. – E prestígio entre o povinho
Arranja o tal falcão, que no poleiro
Do governo dest'arte a pousar chega;
Depois é pontapé naqueles tolos
Que foram seus degraus, fazer celeiro
E pô-lo em segurança, prevenindo
Do crédulo povinho o desengano
E a temível, mer'cida desafronta.
    Por tudo isto, e por muitas outras cousas,
Eu sou republicano até nos ossos.

V

O cidadão Barrete Frígio, tendo
Seu notável discurso concluído,
Assentou-se também. Empavonado
Eis se levanta um sócio do instituto,
Que vestida trazia uma casaca
De rubra cor com bordaduras de oiro.
Co' o bicudo chapéu, todo adornado
De brancas penas e vistoso tope,
Movimentos fazendo desconformes,
Principia a falar desta maneira:
    Ilustres, sapientíssimos senhores,
Do instituto ornamento e segurança,
Dos meus distintos dois preopinantes
Discordo em muita cousa, e noutras muitas
Por diversa maneira estou conforme.
    Como Barrete Frígio, eu sou de voto
Que um 'spertalhório bom trampolineiro
Deve, o povo enganando, aos mores cargos
Subir do estado, e rir-se e fazer figas
A Zé Povinho, em quem se baseara.

Mas não basta alcançar subido posto
Que se pode perder num cataclismo.
Ou pelo menos morre co' o sujeito
Que nele se encaixou. Também preciso
Se torna um *fixador*; e a monarquia
Que é representativa nomeada
Por todos publicistas mais se presta
A apanhar e reter posições boas.
O caso é ter padrinho ou ser maroto,
E a carreira está aberta; é necessário
A gente que governa (ou reis de facto
Nos dias de hoje) em cena ter coristas,
Quando no parlamento as obrigadas
Árias da governança cantar devem.
    P'ra servir os ministros sabes honra,
Deves calcar aos pés? Estás servido,
Mas sê capacho deles; por travessos
Hás de ir tomar lugar, que em direitura,
Isto é, pela justiça competia
A terceira pessoa, que expiatória
Vem a vítima a ser. De pavão queres
Co' as penas, gralha mísera, enfeitar-te?
De se alcançar não há coisa mais fácil,
Se dependentes tens, se teus caseiros.
Manda que votem no corista Beta,
Arranja oitenta, cem, duzentos votos,
E nobreza hás de ter em pergaminho;
Mas para simples cruz de cavaleiro
Basta passar um atestado falso.
    Às vezes acontece que os coristas
Afinados não cantam, ou são poucos
Para abafar as vozes discordantes;
O remédio é facílimo, um decreto
Dissolve o parlamento, e a casa voltam,

P'ra cuidar de outra vida, esses rebeldes
Ao diapasão, batuta dos ministros.
Depois o Zé Povinho ótima escolha
Sabe fazer dos seus legisladores;
Que o digam os Cabrais, e muitos outros
Que, a suceder chegando nas tais pastas,
Sabem imitar bem seus dignos mestres.
P'ra que serve um cacete e os caceteiros?
Para que servem cabos, regedores,
Conselho de distrito, e até de estado,
Tendo pão numa mão, chicote na outra?
Comissão distrital para que serve?
E Zé Povinho escolhe quem lhe manda
O seu amo e senhor; chama-se a isto
Dos direitos políticos livre uso,
E universal seguro e bom sufrágio.
        Eu bem sei que um tropeço inda há terrível
Muitas vezes na câmara dos próceres;
Mas o remédio custa muito menos.
Maioria não há dos dignos pares
Para apoiar as leis do ministério?
De quantos se precisa? vinte ou trinta?
P'ra segurança metam-se quarenta
Novos pares *ad libitum* formados;
Do rei, que menos o é, a tanto chega
O poder pela Carta concedido,
E o caso está que ele ame os seus ministros.
E assim, dando-se bem o rei co' as peças
No jogo do xadrez, leva o parceiro,
Zé Povinho se entende, o xeque-mate.
        Por tão boas razões, por outras muitas,
A monarquia mista eu amo e quero.

VI

O terceiro orador tinha acabado
O seu belo discurso, e ao quarto inscrito
A palavra foi dada. Eu, compr'endendo
Que aquilo era risota, patuscada,
E paródia da terra às assembleias,
Menos na hipocrisia, ao meu colega
Disse: tenho entendido, e fico certo
Que são muito joviais os habitantes
De este planeta *Jove*, e quando queiras
Podemos ir embora. Inda assim mesmo
Quem quiser divertir-se alguns instantes
Bem faz, vindo às sessões deste instituto;
O que temos em Coimbra nem p'ra tanto
Ao menos servir pode, e tem do estado
Imprensa e casa *gratis*. Eu fui sócio;
Quando era quintanista me arrumaram
Com tal contribuição. Ao proponente
Ingrato não quis ser, e o meu diploma
E algumas mensais quotas fui pagando;
Mas sofrer privações para servi-lo,
Por ser ingrata gente, achei asneira,
E há muitos anos já pus-me a coberto.
– Vamos então p'ra casa (o par do reino,
Que fora em Portugal, me diz com graça,
E saímos da sala do instituto);
Uma outra academia mais amena
Nos espera de Dante no palácio,
A estas horas por certo. Aquele amigo
Preparado nos tem sarau artístico,
Vocal e instrumental: belos quartetos
Has de gostar de ouvir e algumas árias,

Ao tempo emprego dando inda mais útil
Do que em danças e jogos. Porém dize-me:
Que trabalhos têm lá nesse instituto
De Coimbra os meus colegas publicado? –
Coisa pouca, lhe digo, e inda essa mesma
É devida aos rapazes. Quando alcançam
A colação naqueles benefícios,
Talvez seja contágio, mas é certo
Que a maior parte vai jurar bandeiras
No grande batalhão de Santa Cábula.

VII

Co' esta conversa assim o tempo enchemos,
Atravessando uma espaçosa praça,
E ao palácio chegámos de Alighieri,
Que já se achava pronto e iluminado
Para aquela noturna e linda festa.
  Já 'stavam lá reunidas muitas damas,
Cantoras distintíssimas, e muitos
Notáveis professores da mais bela
Das artes. Nessa noite ouvi quartetos
De gostoso primor, executados
Com toda a maestria; os concertistas
Eram perfeitos mestres, e da festa
Grande parte das honras lhes competem.
  Mas das diversas peças, que ali foram
Tocadas ou cantadas, a mais linda
E que até foi bisada por pedido
De toda aquela gente, achei da amável
Agnesi Maria T'resa uma cantata (1).
Muito brilhante a música, e era e letra
Sobre assunto da história portuguesa
Dos nossos dias inda; intitulava-se

A Maria da Fonte a tal poesia.
Em um dos intervalos, quando toda
Aquela boa gente descansava
De tocar ou cantar, e co' os *sandwichs*
E copos do bom vinho, que das fontes
Daquele bom país brota espontâneo,
Se entretinham também, fui ler os versos
Que acabara de ouvir postos em música.
Se estou bem recordado, era a seguinte
A cantata da bela T'resa Agnesi:

VIII

MARIA DA FONTE

Cantata

'Stá no poder a gente cabralina
De Lísia por desgraça e desventura,
        E Portugal atura
Daquele ministério as crueldades.
São vexados os povos; sobretudo
É o funcionalismo quem mais sofre
Co' os desatinos dos ministros bárbaros.
        Nova cronologia
Sabiam os Cabrais, dos empregados
        Na conta do serviço.
Os meses eram sempre de mais dias
        Do que os do calendário,
Mas só paga de trinta um funcionário
        Usava receber,
E o restante forçoso era perder
        Com pasmosos atrasos,
Ou até supressões cruéis, despóticas.

Tão pouco eram felizes os restantes
Cidadãos do país; as tranquibérnias
    Traziam descontente
    No reino toda a gente.
Os ministros diziam-se cartistas,
Mas respeitavam tanto essa tal carta
Como um judeu adora a Jesus Cristo.
    P'ra arranjar maioria
Na câmara eletiva, e assim mais tempo
Continuar no poder, não sofismada,
    Mas aos pés esmagada
Era essa carta, carta de alforria.
    Tal era a tirania,
Que qualquer empregado que votasse
    Contra o senhor governo,
    Suspenso, demitido,
Ou pelo menos era transferido!
Havia outra variante de igual peso
Para os mais cidadãos, que não serviam
    Da nação os empregos;
Nas baionetas 'stava, e nos cacetes
De comprados sicários, a segura
Vingança contra algum desobediente.
    Mas tudo tem seu termo;
A devida reação, que já tardava
Chegou por fim, e Portugal desperta
Inda com vida, e nobre, destemido,
Belicoso furor contra o valido.

    No Minho surge rápida,
    Da independência ao brado,
    De um povo nobre e honrado
    Justa revolução;
    E logo o abalo estende-se,

Lavra por toda a parte,
Arvora-se o estandarte
Da luta e salvação.

A santa voz *a pátria se liberte*
Do *jugo do valido*, os bons minhotos
Em valentes guerrilhas se organizam.
Sabem mostrar-se fortes, corajosos;
      Mas entre tão famosos
E notáveis guerreiros se distingue
Uma animosa e varonil serrana;
É Maria da Fonte. Qual donzela
D'Orleans[1], ou qual ítala Odabella[2],
      Procura as márcias lides;
Com pistolas à cinta e uma bandeira,
      Anda em cada fileira
As populares forças animando,
Os homens ao combate estimulando.
      Soam gritos de guerra
Por toda a parte, desde o Minho ao Tejo,
E desde o Tejo ao Sado, ao Guadiana;
A varonil Maria a voz levanta,
E o seu hino guerreiro aos bravos canta (2):

Eia, avante, ó portugueses
Pela santa liberdade
É fatal necessidade
Hoje às armas recorrer;
A incerteza da vitória
Almas nobres não assusta,
A nós cumpre em causa justa

---

[1] Joana d'Arc (c. 1412-1431), jovem francesa que ajudou os seus compatriotas a libertarem a cidade de Orleães cercada pelos ingleses.

[2] Personagem da ópera de Verdi, *Attila* (1846).

Triunfar ou perecer.

Já da guerra civil muitos reveses
Sofrido têm as tropas da Rainha,
Que não quer demitir o ministério,
E mais aumenta dos Cabrais o p'rigo,
Mas não só destes; arrastar consigo
            Na queda poderiam
Os teimosos ministros a Sob'rana.
            Valeu-lhes a artimanha
E a letra dos tratados; foi Mac-Donnell
Aliciado *ad hoc*, e de insurgentes
Guerrilhas miguelinas o comando,
Como seu general, assumir veio.
            Esta gíria, este meio
Astucioso serviu, foi bom pretexto
Para uma intervenção; Concha valente
Entra em Lísia com forças espanholas,
Aguerridas e muitas. Mas invicto
O princípio ficou, lição da história
Avisando os reinantes que é p'rigoso
Ser, servindo os ministros, faccioso.

            Um ministro, embora austero,
            Que ao monarca mostra o p'rigo,
            É do rei sincero amigo,
            Saiba pátria bem servir.
            Quando em ondas da revolta
            A nação 'stá perturbada,
            Por validos arrastada
            Pode a c'roa até cair.

IX

Terminara o concerto, e já da noite
A mor parte correra; os bons amigos
Do meu mestre e hospedeiro se ausentaram
Para irem repousar. Igual descanso
Tomámos nós também, que era já tempo.
   Inda alguns dias mais nos conservámos
Na cidade em visitas e passeios,
Em banquetes, saraus e conferências
Sobre coisas de ciência e lit'ratura.
Lá falei com Navier[1] sobre mecânica
E cálculo também; era bom mestre
E foi bem colocado em tal planeta.
Com mais sábios notáveis a honra tive
De tomar relações; mas perguntando
Pelo grande Laplace, pois queria
Deixar-lhe o meu bilhete de visita,
Poinsot[2] me respondeu: – De visitá-lo
Ocasião não pode ser agora,
Pois que não 'stá na terra. Anda por longe;
Montado na função perturbadora,
Foi concertar o plano invariável
Que co' o tempo se tem desarranjado.
Na junta consultiva das celestes
Obras, em conferência e por proposta
De mim, de Le Verrier[3] e de outro membro,

---

[1]   Claude Louis Marie Henri Navier (1785-1836), engenheiro e físico francês, autor do *Résumé des leçons de mécanique données à l'École Polytechnique* (1841).

[2]   Louis Poinsot (1777-1859), matemático francês, autor da *Théorie Nouvelle de la rotation des corps* (1834).

[3]   Urbain Jean Joseph Le Verrier (1811-1877), astrónomo francês que contribuiu para a descoberta de Neptuno.

Que era o Pontecoulant[1], foi resolvido
Mandar fazer aquelas composturas. –
Bem 'stá, disse eu, mas coisa é p'ra mim nova;
Não que o seu plano máximo das áreas
Durasse muito tempo sem concerto,
Por não ter atendido aos movimentos
De rotação dos astros, dos satélites,
À translação solar e inda outras cousas,
Mas admiro que sem binários fosse,
E sobretudo cavalgando besta
De nova espécie, pois não é quadrúpede.
– Por certo que não é, Poinsot me torna,
Se ela é bimane; foi da tal gentinha
Que o Monteiro encaixou na faculdade
Das ciências matemáticas em Coimbra.
Chamava-se Manuel José Pereira
Ou o *Raio Vetor*, se assim quiseres (3).
– 'Spera lá, 'spera lá (diz então Dante),
Temos para viajar pelos espaços
Conduções esquisitas e variadas;
Por experiência algumas já conheces,
E hás de outras conhecer mui brevemente.
Como visto já tens neste planeta
O que havia p'ra ver, amanhã vamos
Partir para Saturno, e sabes como?
Tu irás sobre o Hipogrifo, eu no Pégaso.

Fim do canto nono.

---

[1] Philippe Gustave le Doulcet, Comte de Pontécoulant (1795-1874), astrónomo francês que previu em 1829 o reaparecimento do cometa Halley. É autor do *Traité Élémentaire de Physique Céleste* (1840).

NOTAS AO CANTO NONO

(1)

Maria Teresa Agnesi, irmã da condessa Maria Caetana Agnesi da qual já fizemos menção honrosa no canto 9.º, foi autora de muitas cantatas, e da música de três óperas, *Sofonisba, Ciro in Armenia* e *Nitocri*.

(2)

Nesta ária da cantata conservámos, quanto foi possível, não só a ideia, mas ainda alguns versos de uma estrofe do famoso e bem conhecido *hino do Minho*, também chamado da *Maria da Fonte*. Salva ligeira alteração, é a quadra seguinte:

Eia, avante, ó portugueses,
Eia, avante, e não temer;
Pela santa liberdade
Triunfar ou perecer.

(3)

O Dr. Manuel José Pereira da Silva, graduado em 24 de dezembro de 1777, foi lente da faculdade por obra e graça do P.ᵉ Monteiro (José Monteiro da Rocha). Nos atos de mecânica celeste chamava *raio vetor* à *função perturbadora!*

CANTO DÉCIMO

VIAGEM A SATURNO

I

Qual Logistila ao príncipe Rogeiro,
Dante ensinou-me a governar o Hipogrifo.
O bom corcel, que um nigromante mouro
Já possuíra em tempo, era mais manso
Do que eu me persuadia. Algum receio
Tive ao princípio de perder firmeza,
Equilíbrio, e coragem; mas bom mestre
Me foi o sábio poeta italiano.
Na arte de equitação de novo género
Elementares regras tendo ouvido,
Passei praticamente a ver o modo
Como o proscrito vate florentino
Delas sabia usar; com algum 'studo
E especial cuidado observei como
O fazia subir a grande altura,
Donde bem se pudesse um horizonte
Mais vasto descobrir; a um lado e outro
Vi como usava dirigir o curso
Aquele cavaleiro p'ra os diversos
Lugares percorrer, e finalmente
Resolvi-me a tentar igual viagem.
    De ir a Saturno era chegado o tempo,
Nem coisa nova já p'ra ver em Júpiter
Havia mais. Os dois corcéis alados
Prontos já 'stão, e neles cavalgamos.
Dante, montando o Pégaso, ao meu lado

Tinha-se colocado; uma varinha,
Qual bastão de mar'chal, ou qual batuta
De regente de orquestra, na direita
Trazia; a mão esquerda era p'ra as rédeas.
Por castão de tal vara uma boquilha,
Como de clarinete ou de requinta,
'Stava a servir, e logo faz dela uso,
Soprando fortemente: os dois ginetes,
Batendo então as asas, pelo espaço
Voam com marcha igual, porém tão rápida,
Como do éter vibrado o ondulatório
Movimento costuma propagar-se,
E assim preciso foi p'ra em pouco tempo
A um dos anéis chegarmos do planeta.
    Por que, disse eu, meu caro amigo Dante,
Não quiseste pousar nalgum satélite
Antes de aqui chegar? De tantas luas
De este velho planeta, uma não achas
Que mereça ser vista ou visitada?
– Parece-me melhor, responde o poeta,
Vir somente aos anéis, e um deles basta
Até para formares uma ideia
Da pena que é aqui dada aos invejosos,
Aos soberbos e infames intrigantes.
Os gigantes na Lua, os carniceiros
Animais que por Marte andam correndo
P'ra devorar a condenada gente,
Nada mais são que demos encarnados
Em tais monstros ou formas as mais próprias
Para dar o castigo àqueles réprobos.
Dos infernais espíritos se encontram
Outras encarnações neste planeta.
Uns demónios a forma de cavalos
Ligeiros, vigorosos têm tomado;

Outros diabos são grifos, milhafres,
Ou abutres imundos, de grandeza
Como a da ave *rochedo* nas novelas
Das decantadas *mil e uma noites.*
    Os homens (e mulheres) que na terra
Vis intrigas teceram, maquinaram,
Levados por inveja ou por soberba,
Às caudas dos cavalos arrastados
São sobre dois anéis de este planeta,
(No segundo ou terceiro); os membros deles
Dispersos, espalhados pouco a pouco,
Comidos, devorados pelas aves
De rapina são logo, e os duros ossos
Vão essas mesmas aves sem demora
Sobre o globo central deitar em covas
Das quais, como um dos dez do oitavo círculo
Do inferno, e que é chamado Malebolge,
Está cheio o esferoide de Saturno.
Estas covas ou fossos similhantes
São todas ao segundo do tal sítio,
E no qual eu vi 'star a lisonjeira
Taíde e Aleixo Interminei de Lucca (1).
Nesses fossos depois, entre excrementos
De aqueles grifos, gaviões imundos,
Vão pouco a pouco a forma retomando
Que na terra tiveram os perversos;
De ali são transportados ao primeiro
Dos anéis do planeta. Ora é sabido,
Até pelos astrónomos, que a massa
De este primeiro anel é transparente;
É toda água a cem graus. Um banho tomam
Que dura às vezes anos vinte ou trinta;
Veem depois nos anéis de massa opaca
Começar de tormentos novo p'ríodo.

Os vapores do anel que está mais próximo,
E do globo central nocivos gases
Evitar nos convém; por tal motivo
Só nestes dois anéis de terra firme
Nós devemos passar. Mas 'spera; eu vejo
Caminhar para aqui um dos demónios
Com forma de cavalo. Olha. –

II

                    Em verdade
Um valente cavalo a trote largo
Eu avistei; montado vinha nele
A figura de um homem de roupeta.
– Todos estes cavalos (continuava
O meu bom cicerone) à cauda preso
Arrastam o infeliz, que foi na terra
Intrigante ou soberbo; a sua imagem
Do que fora na vida é do solípede
O ridículo *jockey*. – Segundo isso,
Disse eu, notar fazendo o tal boneco,
Traz algum Malagrida este ginete;
Poderemos detê-lo? – A coisa é fácil,
Diz Dante, por estarmos bem montados;
Eu dou sinal aos bichos. – Outra nota
Menos forte e mais grave na boquilha
Fez ressoar o poeta; os dois alados
Fazem cerco ao cavalo que arrastava
Um padre jesuíta à cauda sua.
Era bravo o corcel que pela terra
Arrastado trazia o tal sujeito,
E parar não queria; mas o Hipogrifo
Levanta uma das palas dianteiras,
E as garras lhe espetou com tal vontade,

Que aquele diabo teve de render-se
E ficar manso e quedo tanto tempo,
Quanto gastámos para ouvir parados
A narração dos crimes do velhaco,
Intrigante o soberbo jesuíta,
Era o padre Rodin o condenado
Do qual o punidor deter fizemos,
Algum alívio dando ao desditoso
Que, sendo interrogado, assim começa
As maroteiras suas confessando (2):

III

— Um estado no estado a companhia
Dos teocratas filhos de Loyola
No mundo organizara. Os reis, o povo,
Sem o saberem, eram dominados
Pelos padres jesuítas; o papado
Exceção não fazia à geral regra.
Angariar testadores argentários,
Que para enriquecer nossa igrejinha
Deixavam na miséria os seus parentes,
E vinham eles próprios filiar-se
N'ordem de Santo Inácio; as almas fracas
Intimidar com 'scrúpulos niquentos,
Mulheres sobretudo, e que atraíam
À nossa companhia a juventude
Que render prometia ou bons legados,
Ou talentosos padres que mais tarde
Seriam grandes mestres na ordem nossa;
Aos governantes (reis ou presidentes)
Dar conselhos traiçoeiros, em proveito
Só do nosso domínio e sob'rania,
Eram ardis frequentes, não deixando

Algumas vezes de o punhal, veneno,
Empregar com cautela e em bem da causa.
    Eu fui membro daquela sociedade,
E não só dos mais 'spertos e velhacos,
Mas dos mais corajosos nas empresas.
Por artimanhas dos confrades nossos
Deviam ser da herança despojados
Do infeliz Rennepont os descendentes.
Grande batalha de infernais intrigas
Foi preciso travar, mas dirigida
Foi tão bem por meu tino e astúcia imensa,
Em ação pondo já feroz ciúme,
Já a santa caridade, a bebedice,
Denúncias na polícia, e mil tramoias
De igual jaez, que um só vivo deixámos
Dos herdeiros do conde. Este santo homem,
Padre do nosso grémio, na esparrela
Soubemos apanhar, e àquela herança
Seus direitos testara à companhia.
Para ser toda nossa era preciso
Fazer morrer, como morrer fizemos,
Os outros infelizes seus parentes;
Já disse, a minha astúcia descartar-se
Soube daquela gente. A bela Adriana
Envenenada morre com seu Djalma;
Do valente Simão, mar'chal de França,
Morrem as lindas filhas Branca e Rosa
No hospital dos coléricos (a astúcia
Teve o devido efeito), e foi do errante
Judeu tornada inútil a valia
E notáveis socorros. Finalmente
Todos, menos Gabriel, morrer fizemos.
    O general fui eu nesta campanha,
E em prémio consegui de tais serviços

Subida promoção, mas, oh desgraça!
O cofre dos valores avultados
Queima o depositário; e inda era o menos,
Porque o velhaco, infame Faringhea
Que Malpighieri, o cardeal soberbo,
Soubera industriar, artes arranja
E soube envenenar-me! E perdi tudo,
A vida (que era o menos) e o papado
Que meu devia ser em pouco tempo.
    Foi pequeno o castigo o ver por terra
Meus planos de ambição e de grandeza,
Ao qual sacrifiquei vítimas tantas;
E agora neste reino dos tormentos
Ando pagando os roubos, assassínios,
E as lágrimas amargas que verteram
As minhas desditosas, tristes vítimas. –

IV

Avante, diz o poeta; então deixámos
Seguir aquele par o seu fadário,
E de Saturno sobre o anel maldito
Fomos andando mais algum caminho.
Outro roupeta então se nos depara,
Mas borla doutoral traz na cabeça
E nos ombros capelo azul e branco;
Do padre Zé Monteiro era o fantasma,
Que o marau vinha atrás rompendo as pedras
Do maldito lugar. Alto, detém-te,
Disse Alighieri ao corredor solípede;
E o bicho, que nas unhas viu do Hipogrifo
Sangue do camarada, foi mais dócil
Do que o primeiro, e pára *in continenti*.
Agora fala tu, diz logo Dante

Ao condenado, que dest'arte conta:
– Em Coimbra eu fui já lente, e dos primeiros
Da nova faculdade, que o ministro
De Dom José criara e instituíra
Para o ensino das ciências matemáticas.
Aos meus conhecimentos, competência,
Soube dar o marquês útil emprego,
E confiou-me a direção, o ensino (3).
   Os outros dois doutores italianos,
Franzini e Ciera, pouco tempo foram
Em serviço, depois de constituída
E posta em bom caminho a faculdade;
Mas um nosso doutor (lente de espada!)
Sombra fazia ao meu saber, prestígio
Que eu ter queria entre os doutores novos.
Este rival da Cunha era o Anastácio;
E eu, que padre jesuíta houvera sido,
E soberbo e invejoso sempre muito,
Tais calúnias e intrigas mover sube,
Que aquele oficial, doutor e lente,
Só quatro anos serviu. P'ra desfazer-me
De quem a primazia me afrontava,
Da Inquisição o tribunal tremendo
Muito veio a servir; a minha vítima
Foi metida em processo, encarcerada,
Depois penitenciada, e de Lisboa
Nunca mais regressou para em Coimbra
Continuar no serviço. Alguns capachos,
Verbos de encher ao menos, melhor gente
Me pareceram ser p'ra companheiros;
Manel José Pereira (que chamaram
Também *Raio Vetor*), e inda alguns outros
Brutos encapelados, desta sorte
Eu fiz introduzir na confraria,

Ou eu não fosse da ordem jesuítica.
Inda assim alguns homens de talento
Não cheguei a afastar da faculdade;
Manel Pedro de Melo um deles era (4),
Mas este nas viagens pela estranja
Andou bastante tempo, e mais andara
Pela minha vontade, p'ra o ver longe
Dos gerais e da sala dos capelos: –

V

Mais ia por diante o monstro infame,
Quando, avistando ao longe um corcovado,
Com cetro e c'roa, eu disse ao florentino:
Deixa esse biltre e vamos ao encontro
Do condenado, cujo simulacro
Para aqui se dirige e nos indica
Que na vida foi já de povos chefe.
'Stá dito, me volveu o grande poeta,
E partimos. O demo que o tirava,
Como já haviam sido os dois primeiros,
Foi por nós embargado; e o tal monarca,
Que na Inglaterra o fora por tramoia,
Nos contou desta sorte os seus delitos:
– A ambição de reinar e cingir c'roa,
Usar do manto régio e empunhar cetro,
Contra os parentes meus, e dos mais próximos,
Me fez usar crueldade. Eduardo Quarto,
Que era irmão meu, e de Inglaterra o trono
Tinha ocupado em vida, uns dois filhinhos
Deixara. Protetor logo me apronto
De estes meus dois sobrinhos, e na torre
De Londres, segundo o uso, recolhidos
Foram por meu mandado; o mais idoso

De lá sair devia em tempo justo
Para o cetro empunhar dos seus maiores.
Mas como assim, se eu era pretendente
Do meu defunto irmão ao régio trono?
P'ra os grandes ambiciosos é facílima
A solução de tais dificuldades;
Que importa a vida de crianças duas?
Fi-las envenenar, e os partidários,
Um dos quais era o Duque de Buckingham,
Que eu bem sube arranjar, me conseguiram
A régia aclamação. Subido ao trono,
Por atos de justiça a minha astúcia
Conciliar procurou do povo o afeto;
Baldado empenho. Um trono conquistado
Com crimes e delitos não é firme;
Henrique Tudor e outros descontentes,
Buckingham inclusive, se conspiram
Para me destronar, e a civil guerra
Agitam no país. Umas sobre outras
Derrotas suportei; na decisiva
Batalha, onde perdi a vida e o trono,
Debalde a régia c'roa dar queria
Em troca de um cavalo, p'ra dest'arte
Novamente na força da peleja
Saciar minhas iras, meus furores.
Cruel, dissimulado e astucioso
Eu fui na vida: agora, desgraçado,
Do orgulho de ser rei as penas sofro
De tão grande ignomínia e eternas dores. –

VI

Assim falou Ricardo de Inglaterra,
O terceiro do nome; e mais avante

Nós caminhámos, vendo, entre outros muitos,
Um alferes famoso por seus crimes.
O simulacro de homem tão *honesto*
Trazia um estandarte; e o bom ginete
Arrastava esse infame, o *honesto* Yago.
Sua intriga infernal assim nos conta
O vil oficial do negro Otelo:
– A inveja, que já foi de um fratricídio,
O primeiro no mundo, a causa e origem,
E é de mil outros males a motora,
Minha eterna desgraça há produzido.
Do esse mouro valente, que a república
De Veneza empregara em seu serviço,
Eu fui o alferes-mor; sincera estima
Do general eu tinha, e confiança
Em mim depositara o bravo mouro.
    Uma nobre patrícia, a linda filha
Do senador Brabâncio a apaixonar-se
Chegou pelo africano, que, não menos
Apaixonado, foi aos pés da bela
Amor exp'rimentar. A narrativa
Dos infortúnios, que sofrido houvera,
A chave foi do afeto de Desdémona,
Coisa pouco vulgar. Não que as patrícias
Inacessíveis sejam à ternura
De qualquer Ferrabrás ou Rodomonte,
Mas a chave p'ra abrir aqueles cofres
De amor e de meiguice a querem de ouro,
E bem pesada; quando algum valente,
Na espada pondo a mão, disser *é ouro*,
O que ouro valer sabe (5), adeus amores,
Que bata a uma outra porta, elas respondem.
Mas aquela pombinha veneziana
Era exceção da regra (e não há regra

Quo não tenha exceção), do bravo Otelo
Chega a compadecer-se, e dentro em breve
A compaixão se torna em doce afeto.
   Quem não gostou da história foi Brabâncio,
O senador soberbo e enfatuado,
Não sei se por ser negro aquele genro,
Ou se por ser vermelho o sangue de este.
É certo que queixar-se amargamente
Foi ante o nobre Doge, e não queria
Aquele casamento; mas Su' Alteza,
Tendo ouvido o queixoso e os acusados,
Houve por bem fazer justiça à bela
E ao seu querido mouro. É grande coisa,
Para justiça obter dos governantes,
Que um homem tenha em si valor tão grande
Como o Aquiles de Homero; os venezianos
Imitar não queriam Agamémnon,
Fazendo afronta de Peleu ao filho,
Conheciam a sorte do primeiro
Por Briseida tirar ao mais valente
Dos príncipes da Grécia. É bem sabido
Como o brioso Aquiles a coberto
Se pôs, e grande sova os inimigos
Deixou dar nos heróis soldados gregos;
A campo só voltou para vingança
Tomar da morte do fiel amigo,
O generoso filho de Menécio,
E dando-lhe Agamémnon orgulhoso
Grande reparação da antiga ofensa.
   Bem o sabia o Doge, e mais que em Chipre
O valente africano era preciso
Para amansar os turcos. Embarcámos,
E Desdémona parte acompanhando
O valente marido que escolhera.
Daquela bela dama eu bem quisera

Também colher meiguices e carinhos,
E tentei a aventura; mas debalde
Que uma Susana ela era a toda a prova.
Quis vingar-me e tramei cruel intriga,
Conhecendo a cegueira do meu chefe;
Minha *honesta* pessoa com tal arte
Soube caluniar a desditosa,
Que o marido acredita que é traído,
E matou sua esposa, estimulado
Por ciúme feroz, cruel, selvagem.
    Minha alma, inda mais negra do que o corpo
De Otelo valoroso e destemido,
Vingada estava dos desdéns da bela
E virtuosa esposa do tal mouro;
Mas de perto o castigo o crime segue
Algumas vezes, e o iludido esposo
Não tarda em conhecer toda a tramoia.
A punição me deu (que foi despacho
Para eu vir para aqui) e apunhalou-se;
Agora de invejoso e de intrigante
O castigo mer'cido estou sofrendo. –

VIII

Assim falado havia o honesto Yago,
E seguiu seu caminho. Um grande grupo
Encontrámos depois; entre eles vinha
Um doutor português, que foi de física
Já professor na lusa academia.
Era o Sanches Goulão (6). De este sujeito,
Disse eu para Alighieri, a história eu conto
Que aqui o faz estar. Era insolente;
Soberbo, e malcriado várias vezes
Nos cursos se mostrou, algum discípulo
Maltratando com frases desabridas

De uma descompostura, e com doestos.
De visita o faltar-lhe co' um bilhete
(E nisto inda há Goulões, sem ter o nome)
Para ele vinha a ser pesada ofensa!
    Ainda noutras coisas revelava
Goulão alma orgulhosa e vingativa,
E a grande telha sua. Quando em fúrias
Da civil guerra Portugal ardia,
E dos Cabrais o jugo o bravo povo
Sacudir pretendeu, correndo às armas,
Houve em Coimbra um batalhão cartista.
Lentes, bedéis, artistas e outra gente
Adversa ao movimento da revolta,
Eram de esta milícia; e também tinham
Os da fação contrária de académicos
Jovens um batalhão nobre e luzido,
Que marchou p'ra o serviço. Ora o cartista,
Entro outros oficiais, contava aquele
Lente da faculdade azul escura,
E também o bedel como soldado
Simples e raso, ou pouco mais do que isso.
    Distraído o bedel um dia passa
Pelo Sanches Goulão sem continência
Militar lhe fazer; agora é vê-lo,
O soberbo oficial puxar da espada
E dar pranchadas à direita, à esquerda,
Como quem malha no centeio verde.
Se o povo não acode ao desgraçado,
Ali morria o triste às mãos de um doido!
Tão falto de juízo e tão sanhudo
Não ficou Dom Lourenço, bispo de Elvas,
Quando Lara, o deão, não compar'cera
Para ofertar o hissope ao seu prelado.

Fim do canto décimo.

NOTAS DO CANTO DÉCIMO

(1)

Veja-se Dante, Inferno, canto XVIII.

(2)

Este episódio é um resumido argumento do romance de Eugénio Sue – *O judeu errante.*

(3)

O P.ᵉ José Monteiro da Rocha, foi doutorado em matemática conjuntamente com Miguel Franzini e Miguel António Ciera, no dia 9 de outubro de 1772; e estes três doutores inauguraram em Coimbra a Faculdade. Em 1774 foi despachado 4.º lente e mandado doutorar o oficial de artilharia José Anastácio da Cunha.

Manda a verdade que se diga que ambos eles ilustraram e enobreceram pelos seus trabalhos as letras portuguesas; mas a glória do primeiro está manchadíssima pela sua soberba, orgulho, miserável inveja. Efeito desta foi a intriga que o ex-jesuíta moveu contra o segundo, e com a qual conseguiu desembaraçar-se de um colega que lhe fazia sombra.

Não permitindo a extensão destas notas demasiada largueza para provar, com documentos que existem da questão, as rivalidades entre os dois matemáticos portugueses, remetemos o leitor para os trabalhos sobre este assunto publicados no *Jornal Literário* (Coimbra 1869 – Imprensa Literária) nos seguintes artigos:

Questão entre José Anastácio da Cunha e José Monteiro da Rocha, pág. 97.

Cópia de uma carta de José Anastácio da Cunha, pág. 105.

Notas à carta de José Anastácio da Cunha, págg. 125, 129, 139, 147, 156, 165.

Para os leitores que não podem haver à mão aquele jornal, aqui apresentamos alguns extratos, e remetemos também para os artigos respetivos no *Dicionário Bibliográfico* do Sr. Inocêncio da Silva.

....

.... Não devemos porém esquecer, que José Monteiro da Rocha, que dispunha então da faculdade, havia pertencido à ordem dos jesuítas, e, posto que justamente possuía a reputação dum sábio, que nos faz muita honra, era um invejoso também, cheio de ambição insaciável, e vendo sempre em tudo a sombra do seu rival, cujo admirável engenho a consciência lhe advertia irrecusavelmente ser, em grau elevadíssimo, superior ao seu.

(*Jornal Literário*, pág. 99)

CÓPIA DE UMA CARTA DE JOSÉ ANASTÁCIO

.... Há mais de dez anos, que eu vejo errar crassissi-mamente o nosso oráculo, sem isso me importar. Roubou-me a minha extração da raiz cúbica; não fiz caso. Teve o desembaraço de fazer imprimir por ordem da Universidade, para uso da minha aula, depois de eu lá estar, a mais longa, escura, e informe compilação de Trigonometria, que jamais se viu; não me servi dela e ensinei por uma que ocupa uma só folha de papel, mas também não fiz caso, etc.

Pedem-me da academia real das ciências, haverá cinco anos, alguns assuntos para propor ....

....

A sábia academia não propôs então nenhum dos meus assuntos, propôs um que remeteu o padro Monteiro, dificultoso sobremaneira, por não dizer impossível, e que tem mais de cem anos. *Tant pis pour eux*, nada disso me importa. Porém passaram dois anos inteiros, sem o padre Monteiro poder achar mais nenhum problema velho, por mais que o buscasse; estava chegado o termo;

a reminiscência do padre Monteiro cada vez mais inexorável; a academia em transes. Ora veja o que faz o padre Monteiro dos meus assuntos, que a sábia academia lhe tinha mandado à mostra. Remete-lhe o mais fácil, porém de tal sorte viciado, que quem não souber, que o aditamento absurdo, sobre a determinação dos casos de convergência, é dele, e não meu, terá razão de me julgar ignorante, e mentecapto. Que lhe parece? Esbulhou-me do que é meu, e não fiz caso; até aí chega a minha filosofia. Mas pôr-me em risco de se me imputar o que é dele? Oh senhor!

Questo è tropa crudeltà.

Para passar esta vergonha, não tenho eu constância.

La mia virtù non giunge a tanto.

Então, *mon chèr ami*, não me será lícito ao menos mostrar aos meus amigos a verdade?

Pois toda a vingança, que em similhantes casos costumo desejar não se estende a mais.

....
....
....

Não perca os óculos, que levou de Lisboa, e em todo o caso não use dos dessa terra, que fazem muito mal à vista.

O my dear friend! Be aware of Monteirism, Franzinism, Brunellism, Conimbricism.

(*Jornal Literário*, págg. 111 e 112)

(4)

Manuel Pedro de Melo, doutor e lente da faculdade de Matemática, graduado a 19 de junho de 1795, sócio da academia real das ciências de Lisboa, deputado às cortes ordinárias de 1822, etc.

....

....

....

Ou por ter sido discípulo de José Anastácio da Cunha, ou por outro motivo que ignoramos, incorreu no desagrado de José Monteiro da Rocha, levando em consequência apenas informações redondas no doutoramento tendo-as tido aliás distintíssimas (3 MBB, 1 B) na formatura em 1793. Não obstante José Monteiro fez depois justiça ao seu grande merecimento, como se vê dos seguintes documentos:

Extrato duma carta de José Monteiro da Rocha dirigida de Coimbra ao Reitor da Universidade, D. Francisco de Lemos, em 30 de agosto do 1801.

«Parece-me bem, que Manuel Pedro faça a viagem que lhe lembra, e muito mais tendo a oportunidade de a fazer em companhia do ministro que torna para a Holanda, e que lhe pode facilitar muito o desempenho da sua comissão. Esta porém não deverá limitar-se ao objeto da sua cadeira, mas estender-se à de Astronomia, visitando ele os observatórios que lhe ficarem em caminho, e trazendo as notícias, que a esse respeito achar dignas de atenção; objeto, de cujo desempenho ele é muito capaz. Sobre isso mandarei a V. Ex.ª alguns artigos mais especificados.»

Carta de José Monteiro da Rocha, dirigida de Lisboa a D. Francisco de Lemos, em 6 do fevereiro de 1808.

....

....

....

«Manuel Pedro pode ficar por mais tempo, a título de acabar a tradução de que se encarregou, e deixar arranjadas as correspondências. Com esse título poderá lá ser útil à Universidade; e ao mesmo reino, segundo as instruções, que se lhe enviarem. Mas isto deve ser tudo segredo, porque (segundo são os caprichos dos homens) não gostará o criado, de que se trate imediatamente com seu amo.

Deus guarde a V. Ex.ª muitos anos. Lisboa 6 de fevereiro de 1808,

De V. Ex.ª

At.º fiel súbdito e cr.º obrigadíssimo

José Monteiro da Rocha.»

Mas em 2 do junho de 1816 já lhe continuava a aparecer a má vontade contra Manuel Pedro de Melo, como se vê do seguinte:

Extrato de uma carta, dirigida da quinta de S. José de Ribamar a D. Francisco de Lemos, naquela data:

«Manuel Pedro frequenta muito a audiência de Pereira e Sousa, e talvez cuide em algum alvitre para vencer aqui, como benefício simples, a cadeira da Universidade. Entretanto não há remédio senão de fazer sempre conta com ele.»

(*Jornal Literário*, pág. 125 e 126)

(5)

Ouro é o que ouro vale conta-se ter sido resposta dada por um grande navegador ao Duque de Santa Fé. O ilustre capitão, cheio de brilho e glória, indicara a sua espada; o grande de Espanha perguntara pela aquisição de riquezas ao pretendente de sua filha.

(6)

António Sanches Goulão foi doutor em Filosofia, lente de esta faculdade, e bacharel formado em Medicina. O facto dado com o bedel (já falecido há muitos anos) é ainda hoje lembrado e contado pelos seus camaradas e outros coevos; o mesmo acontece a respeito do procedimento com alguns dos seus discípulos, aliás distintos estudantes, e que não só na carreira académica, mas ainda na das obras públicas e outras profissões, têm feito lugar brilhante.

CANTO UNDÉCIMO

VIAGEM A URANO; COSTUMES SINGULARES
DO REINO DA ASNEIRA

I

Nem tanto ao mar, nem tanto à terra. Uns orbes
Por mansão de almas boas, virtuosas,
Têm sido designados; já três deles (1)
Visitados por mim na grande viagem
Foram, primeiro que em Saturno eu visse
O padre Zé Monteiro e mais velhacos.
Outros, em maior número, escolhidos
Foram p'ra punição d'almas perversas;
Tal é Marte e Saturno, os anéis deste,
Além dos seus satélites, a Lua,
Que o é da Terra, e ainda os outros muitos
Pequeninos planetas como Vesta,
Ao qual eu também fui, acompanhado
Pela famosa Olímpia.

II

                    Algum reparo
Os leitores maldosos poderiam
Fazer a este respeito; pois em Vénus
Tendo tão nobres damas e ilustradas
Não achou Patrocínio outra parceira
Senão a Olímpia Gaia? Eu já respondo:
   Certo é que Isabel Vera (2), Edith Bellenden,
Hermínia d'Antioquia, Ana de Geirslein (3),

Outra Isabel, esposa de Zerbino,
A nobre Flordeliz, Gildipe bela (4),
A extremosa Julieta, cujas cinzas
Verona inda conserva (e tem mais honra
Com tão nobres relíquias do que a sábia
Coimbra co' o *Mata Frades*); qualquer destas
Respeitáveis senhoras, além de outras
Que fora longo nomear agora,
A comissão com gosto aceitaria
De ser minha instrutora e companheira.
Eu tive a honra da sua convivência,
Demos muitos passeios, conversámos,
Jogámos o xadrez, e até no piano
Algumas a fineza me fizeram
De acompanhar-me numa fantasia
De Alard, fácil mas linda, sobre vários
Motivos de Bellini; mas com tudo
Para o fim instrutivo mais que todas
A competência tinha a esperta Olímpia.
Pois Julieta sabia astronomia?
Romeu não lhe a ensinou, nem coisas dessas
Ele próprio sabia; a grata Hermínia
Também não, nem tão pouco as outras damas.
Mas Olímpia, essa sim, que por amantes
Em vida teve astrónomos; na *crónica*
Dos astros era *teso* e muito fino
Um deles. Florentino o ilustre vate
Fez acertada escolha, convidando-a
Para me acompanhar, e sem com isso
Causar alguma ofensa às outras damas.
   Isto é razão bastante, e com desprezo
Seria recebido o juízo errado
De algum mau, que objeções propor viesse.
Da vida os infortúnios, ou desgraças,

Muitas vezes não quebram a nobreza
De carácter de uma alma bela e grande;
Injusta é a sociedade cá no mundo,
Mas lá por cima faz-se mais justiça.
Não da fortuna, da alma as qualidades
Somente dão valor e mer'cimento;
E ao passo que uma honrada Leonor Teles,
Carolina de Nápoles, e muitas
Outras grandes senhoras, o castigo
Estão sofrendo no planeta Vesta,
Margarida Gautier, Timandra esbelta
[Que o galante Alcibíades tirara
De um lupanar d'Atenas (5)], meiga Olímpia,
E algumas outras mais, inda que poucas,
Residem de Neptuno, ora de Júpiter
Ou de Vénus nos orbes fortunados.

III

Mas, estava eu dizendo, um meio termo
Inda não temos visto, e é tempo agora
De novamente cavalgar o Hipogrifo,
Não para ir ao país das priscas fadas
E de génios travessos saber contos
De Titânia e Oberon, da linda Résia,
Mas para de Urano ir à superfície,
Onde estão a exibir segundas provas
De vícios ou virtude alguma gente
Que equilibrara aqui virtude e vício.
    É assim mesmo, pois não? Sucede às vezes
Um julgador achar-se no embaraço
Sobre qual decisão tomar-se deva,
Aprovar? reprovar? dar prémio, ou pena?
Há razões para um lado e para o outro;

Quais delas pesam mais? ótima ideia.
Quando não vai contra os regulamentos,
É mandar novas provas serem dadas
Para desempatar. Ora alguns homens
E mulheres sentença em tal sentido
Obtêm no julgamento, quando findam
A vida que viveram sobre a terra;
Vão então habitar d'Urano o globo.
Segunda encarnação alguns recebem;
Outros na mesma idade em que morreram,
Ou de alguns poucos lustros minorada,
Continuam vivendo em tal planeta.
    Tendo já visto muitos condenados
Que a punição recebem em Saturno
Do orgulho seu, soberba, inveja, intrigas,
Disse Dante p'ra mim: – doutor amigo,
Partir vamos agora p'ra o planeta
Que o sábio Guilherme Herschel descobrira (6)
Com seu grande, monstruoso telescópio.
Pela amplificação de este instrumento
Herschel achou diâmetro sensível
No astro, que estrela fixa parecera
A Mayer, Lemonnier e a Flamstead,
Que observadores foram seus primeiros.
Depois de muitos dias achou nele
Pequeno, mas sensível movimento,
E cometa o julgou; então 'studando
Mais posições do mesmo, determina
Do seu planeta os elementos da órbita.
    Herschel, que de organista abandonara
E mestre de capela a vida artística
Para dos astros se botar ao 'studo,
(E fez Jorge Terceiro um bom serviço
À ciência, convidando homem tão útil

Com mer'cido honorário e mais larguezas);
Herschel, pondo de parte as semifusas,
O oboé, a batuta, ao telescópio,
Que ele mesmo formara só se entrega.
Descobre então com ele estrelas duplas,
Que, mais bem observadas, nos revelam
Que até lá nesses páramos longínquos
Inda a lei da atração se dá, vigora.
   De Jove o achatamento, o tempo gasto
Na rotação de este astro, e inda outras muitas
Descobertas faz ele; no catálogo
De estrelas, que formara, a ciência deve
Muito ao sábio, e igualmente agradecida
É à notável dama, irmã do astrónomo,
Carolina Lucrécia, que o ajudava.
Fazia observações, e alguns cometas
Ela só, descobrindo, os fez sabidos.
   Veremos o planeta, nos satélites
Não entramos porém; que a mesma cousa,
Que num deles se dá, se dá nos outros
E no globo central, onde já vamos. –

IV

Disse, e de novo sopra na boquilha
A nota aguda e forte; os dois alados
Palafréns o seu voo soltam logo,
E dentro em pouco tempo tomam terra
Na superfície de Urano. Pousámos
Numa árida montanha, e chegar vemos
Pouco depois, descendo à mesma serra,
Um balão aerostático, trazendo
O nosso amigo Ariosto por piloto.
– Cá 'stou, me disse o poeta, e aqui vos trago

Dois mágicos anéis; têm a virtude
Que o tolo Calandrino insanamente
Achar queria numas pedras negras,
As quais com grão trabalho andou buscando,
Fazendo rir do logro os seus colegas (7).
Se no anular da destra anda trazido,
O dono de essa mão torna invisível;
Mas quem quer suspender-lhe a qualidade,
Muda-o para a esquerda e está servido.
Tenho inda outro p'ra mim, e poderemos,
Ora invisíveis, ora manifestos,
Ver os costumes de estas terras de Urano,
Onde há gente que nasce, outra que morre,
E outra aqui consome muitas vidas
Sem uma vez ao menos ter morrido.
Parece um paradoxo, mas o caso
Passa-se de este modo:

V

Qual o pêndulo,
A lei das forças vivas observando,
Se afasta p'ra a direita, para a esquerda,
Chegando sempre assim à mesma altura,
Quando atritos não há nem resistência;
Ou quais as ordenadas da cicloide,
Que vão de zero a zero, percorrendo
Pela continuidade ora os crescentes
Valores até o máximo *dois erre*,
Depois os decrescentes até zero
E tornam a crescer ao mesmo máximo
P'ra decrescer depois, e assim por diante;
Do mesmo modo vive muita gente
No país em que estamos, de criancinhas

Indo à virilidade pouco a pouco,
Depois descendo a velhos p'ra voltarem,
Retrogradando, a serem pequeninos;
E tornam a crescer, tornam a velhos,
E assim continuamente, mais felizes
Sendo, por certo, que de Aurora o esposo
Na novela de Giam-Battista Casti.[1]
    Mas, estava eu dizendo, muita cousa
Há para ver aqui; por isso vamos
Já p'ra a cidade próxima, onde há hoje
Comissão distrital, e alguns mancebos
Têm graça nas razões com que pretendem
Do serviço das armas ser isentos. –

VI

Assim falara Ariosto, e sem demora
Deixando o seu balão aos dois alados,
Que são bons e fiéis guardas, caminhámos
P'ra a cidade mais próxima; cabeça
De distrito era ela de uma terra
A qual *Reino da Asneira* se chamava.
Anéis na mão direita, e entrando fomos
No governo civil até chegarmos
À sala da sessão; ouvimos várias
Reclamações de muitos recenseados,
Quase todas fundadas em mentiras;
Mas bons padrinhos tinham os sujeitos,
E atendidos ficavam, porque em troca
Na farsa eleitoral se dava a paga.
Mas cai a discussão sobre uma célebre,
Muito ratona e singular escusa,

---

[1] Giovanni Battista Casti (1724-1803), poeta satírico italiano, autor de vários libretos de ópera musicados por Antonio Salieri e Giovanni Paisiello.

E a todos três nos faz tão 'strepitosa
Gargalhada soltar, que os conselheiros
Do distrito ficaram espantados
Por ouvir quem não viam. Nós saímos
Sem demora da sala, e o facto é este:
    De um rico proprietário o primogénito,
Que à idade de ter praça era chegado,
Não queria servir, mas igualmente
A remissão pagar menos queria.
Era forte, robusto e corpulento,
E, por mais que quisessem, não podiam
Dá-lo por incapaz os inspetores.
Pois livrou-se o forreta, apresentando
Atestado de médico, e dizia
Uma tal certidão que esse mancebo
Era tolo e idiota! Quando fora
Nos achámos da sala, perguntando-me
O jocoso Ariosto qual sentença
Eu daria, se fosse cá na terra,
Respondi: duvidar não poderia
Do motivo alegado, era bastante
Que o mancebo aceitasse tal diploma;
Mas fazia-o 'star preso em Rilhafoles
Por tantos anos, quantos no serviço
Lhe compelisse andar, sentando praça.

VII

Era tempo de exames, e quisemos
Ver como lá se ensina a mocidade,
Preparando-a p'ra estudos sup'riores.
Entrámos no liceu; os estudantes,
Na sua maior parte, ou se calavam,
Ou diziam tolices, disparates,

Em resposta às perguntas que eram feitas
Por homens nomeados, escolhidos
Em comissão para ir examiná-los.
Os examinadores bem sabiam
Fazer o seu dever, e em resultado
De tantos estudantes admitidos
Alguns trinta por cento, ou inda menos,
Na média só ficavam aprovados.
A sujeito entendido na matéria
Perguntei o motivo por que tantos
Ignorantes entravam sem vergonha
A exame, e esta resposta me foi dada:
– Achando ter descido o ensino público
Na instrução secundária, de este reino
O governo, zeloso pelas coisas
Da pública instrução, faz esta emenda
Na lei que vigorava: o nível sobe
Da bitola de exames, nomeando
P'ra tal serviço gente competente;
Mas obriga a descer ao mesmo tempo
O ensino das matérias lecionadas,
Dando uns ignorantões, uns *residentes*,
Por mestres aos mancebos. Jornaleiros,
Não professores, são os nomeados
Sem concurso e sem provas de ciência,
Que por cinco doz'avos do ordenado
As vagas vão suprir dos falecidos
Ou dos aposentados professores.
A quem um curso tem de teologia
De introdução entregam a cadeira;
Um bacharel jurista a matemática
Ensina oficialmente, e de desenho
É professor um mercador falido!
Algures de latim a um mestre mandam

Que ensine geografia, embora nada
Ou menos que os discípulos entenda
Do que vai lecionar; e desta sorte
É nos liceus do reino feito o ensino.
Há também lecionistas, porém estes
Regulam seu serviço pelo feito
Pelos *sábios* que envia o bom governo;
Em resultado aumenta a ignorância,
E a razão aqui tens do que estás vendo. –

VIII

Fomos a outra cidade de província,
Que era também cabeça de distrito.
Lá chegámos em dia de espetáculo
Que mais era de gosto aos habitantes
De aquela boa terra, e ver quisemos
O seu divertimento predileto.
Fomos logo uns lugares no anfiteatro
Tomar p'ra ver a festa; ao som de música
Vimos um cavaleiro andar em círculo
A fazer cortesias e zumbaias
Aos bons espectadores. Concluídos
Do estilo os cumprimentos, sai de um curro
Um touro corpulento, e à sua conta
Alguns homens o tomam para farpas
Agudas, penetrantes espetarem
Naquele ruminante; os 'spetadores,
Quanto mais maltratar viam o touro,
Mais gritavam com júbilo e contentes,
Aplaudindo gostosos os toureiros.
Damas havia até que se inter'savam
Por ver o animal bem cravejado
De farpas, e investir com fúria e raiva

Contra os capinhas bárbaros, perversos!
   Uma selvageria, e de crueldade
Par'ceu-me escola prática a tal festa;
Mas gostava Zé Povo do espetáculo,
E o teatro ficar deixava às moscas!

IX

Fomos a outra cidade. Os habitantes
Tratavam de eleger do município
Os seus vereadores, e a política,
Mais do que os eleitores, escolhia
Os tais representantes de Zé Povo.
Um cidadão sensato, e que sabia
Dos mistérios da terra muita cousa
Me contou vários casos de um sujeito
Que há muitos anos fora presidente
De esse tal município. – Pela imprensa,
Me disse o cidadão daquela terra,
Chegou a acusações sofrer diversas
O súcio presidente, e incurso estava
De concussão no crime, a ser verdade
O que então se dizia nos p'riódicos;
Mas que faz o ratão? Vai em resposta
Avisar os leitores que suspendam
O juízo que devam formar dele,
Porque mui brevemente provaria
Ser falso o que nas folhas se espalhava.
E até hoje, apesar de muitos anos
Haverem decorrido, nada veio
Publicar p'ra provar sua inocência.
   Esse mesmo sujeito (continuava)
Já metido em processo em tempo fora
Por certos peculatos; mas amigos

Abafadores teve, e nem por isso
Deixou de presidir ao município
Em tempos post'riores. De esta sorte
Por aqui a honradez é compr'endida.

X

Há nesta nossa terra um seminário,
Que dos fiéis cristãos foi com esmolas
Em tempo edificado, p'ra os mancebos
Aspirantes ao 'stado eclesiástico
Nele terem colégio e instrução própria.
O virtuoso prelado, que empr'endera
Fundar de sacerdotes tal escola,
E inda os bons, dadivosos benfeitores,
Que contribuíram p'ra a fundação desta
Casa sacerdotal, mal poderiam
Pensar que no futuro aquela casa
Em *hotel* de estudantes se tornasse.
E os ordinandos fossem só pretexto
P'ra a nova empresa industrial ao fisco
Não dar contribuição da sua indústria.
   Já chegou a tal ponto o monopólio,
Que tem seu matadouro para as reses,
E de carnes e vinho ao município
Os direitos não paga de consumo,
Quando os outros hotéis, hospedarias,
Colégios de estudantes, pagam todos
A quota industrial. Os governantes
Sabem disto, e os abusos não corrigem;
Por outra parte a gente da igrejinha,
Para aos moinhos seus água levarem,
Iludem, quanto podem, as famílias
Dos mancebos que querem sup'riores

Estudos cultivar, e vão dest'arte
Monopólio e apanágios conseguindo. –

XI

Tal era a informação que nos foi dada
Por aquele sujeito; e nós, querendo
Ver do Reino da Asneira outras cidades,
Seguimos mais avante. Em nossa viagem,
Um conhecido achei, que em vida fora
Meu lente de mecânica celeste;
Era o doutor Sarmento, e remoçado
Estava lá, mas pude conhecê-lo.
Tu aqui, lhe disse eu? cuidei que em Júpiter,
Como ao Tomás d'Aquino, ao Guerra Osório,
Lugar te fora dado. Então com mágoa
O meu antigo mestre assim me disse:
– Depois da minha morte a julgamento
Fui chamado, e nos pratos da balança
Do arcanjo São Miguel foram lançados
Meus crimes e virtudes. No direito
Meu amor de família, os meus trabalhos
Aturados, seguidos, p'ra arranjar-lhe
Alguns bens de fortuna, os meus desvelos
Para educar os filhos, ensiná-los,
Fazê-los bons e honrados, foram postos;
Porém no esquerdo colocadas foram
Bastantes injustiças que eu fizera,
Ou por medo e pressão de alguns colegas
Dos quais eu dependia, ou por fraqueza.
   O *De natura rerum* de Lucrécio,
Compêndio de ateísmo, fora em tempo
Minha leitura muito predileta
Antes de me passar para outra seita;

Pois também foi no prato dos delitos
Da judicial balança colocado.
    Mas longe do equilíbrio ficaria
Inda assim, se não fora a maroteira,
Que eu fiz o doutor Manso preterindo
P'ra proteger Coelho infamemente,
E p'ra servir depois este colega
Dar ao doutor Falcão mais do que justas
Informações devidas ao seu mérito.
Bom professor foi sempre o Manso Preto,
E não seria ingrato como os outros
Que eu tanto protegi contra justiça.
Informado já fui que foram estes
Dois, que eu tanto elevei, os que em conselho
Se opuseram a serem premiados,
Como bem mereciam, os meus filhos,
E os outros meus colegas pretendiam.
Vê como eles pagaram meus favores!
    Nos orbes de tormentos eu teria,
Por certo, algum lugar, se o grande afeto
Aos meus filhos, à 'sposa, os sacrifícios
Que eu fiz pela família, não viessem
Equilibrar o peso dos delitos.
Segunda prova agora aqui vou dando,
Mas emendado estou; e com certeza,
Quando de novo for chamado a juízo,
Melhor colocação me será feita,
Pois roedores e aves de rapina
Eu não protejo mais, nem por acinte
Ofensa hei de fazer a gente mansa. –

Fim do canto undécimo.

NOTAS AO CANTO UNDÉCIMO

(1)

Vénus, Júpiter e o seu 1.º satélite.

(2)

Veja-se a novela de Walter Scott, intitulada *O anão das pedras negras*.

(3)

Veja-se do mesmo autor a novela *Anna de Geirstein ou a donzela do nevoeiro*.

(4)

Veja-se o poema épico *Jerusalém Libertada* de Torquato Tasso.

(5)

Veja-se a obra do Dobay, intitulada *As noites coríntias*.

(6)

Guilherme Herschel nasceu em Hanover em 1738, faleceu em 1822. Era filho de um músico e foi também, nos seus primeiros anos, músico das guardas hanoverianas, instrumentista de oboé. Mais tarde foi professor desta arte, organista e mestre de capela.

Em 1774 construiu um telescópio, tomou gosto pelas observações astronómicas e começou a entregar-se a elas. Com outro e grande telescópio, do qual ele foi ainda o construtor, e cuja amplificação era superior à de todos os até então construídos, passou a fazer importantes observações, e descobriu o planeta Urano, o qual em 1690 a Flamstead, em 1756 a Mayer, e em 1765 a Lemonnier tinha parecido estrela. Então o rei Jorge 3.º o convidou, com boa dotação para não precisar de exercer outros trabalhos, a vir em Slough. perto de Windsor, entregar-se às observações e estudos do seu gosto.

Além das indicadas no texto foram ainda muitas mais as descobertas de este distinto astrónomo. Na sua principal obra, o *Catálogo de estrelas*, colaborou sua irmã Carolina Lucrécia Herschel, e a descoberta de alguns cometas é devida às observações e estudos de esta dama notável.

Guilherme Herschel foi sócio correspondente do Instituto de França, presidente da real sociedade astronómica, e a Universidade de Oxford lhe deu o grau honorário de doutor em leis.

(7)

Veja-se no *Decamerone* de Boccaccio a *novella* 3.ª da *giornata* 8.ª.

CANTO DUODÉCIMO

VIAGEM A NEPTUNO; O *PIMPÃO*. REGRESSO À TERRA

I

Mais do Reino da Asneira outras cidades
Visitámos e vimos, porém tempo
Par'cendo aos dois poetas de partirmos
Para o orbe de Neptuno, em certo dia
A um vale fomos ter onde os alados
Ginetes o balão tinham trazido.
Entrámos na barquinha, e os voadores
Corcéis a um leve aceno de Alighieri
Tomaram seu destino; o ilustre Ariosto
A proa dirigiu sobre Neptuno,
E tal velocidade ao maquinismo
Soube dar, que tão rápido não chega
Do Porto a Coimbra algum comboio expresso,
Como nós aportámos ao planeta
Que o sábio Le Verrier tivera a dita
De achar pela teoria.

II

Já formado
Tinha Bouvard[1], servindo-se das fórmulas
De Laplace, umas tábuas astronómicas
Para o planeta de Herschel, que devia

---

[1] Alexis Bouvard (1767-1843), astrónomo francês que compilou as tabelas astronômicas de Júpiter, Saturno e Urano.

De Saturno e de Júpiter notáveis
Perturbações sofrer. Mas conformavam-se
Com as observações por alguns anos
(Trinta e nove eram eles); discordavam
Os lugares assim determinados
Dos observados fora de tal prazo.
     Qual a razão daquelas diferenças?
Algum planeta incógnito por certo
De Urano o movimento transtornava,
E o caso era encontrar pelos efeitos
As co'rdenadas e outros elementos
De este novo planeta. O grande astrónomo
Soube o *problema inverso dos três corpos*
Habilmente tratar; retoma d'Urano
A teoria, e compara o resultado
Com as observações recentes, boas;
Liga por equações as quantidades
De tão grande problema, e por incógnitas
Tomando os elementos da nova órbita,
Além doutros, achou grosseiramente
A posição buscada. Então de novo
Outros cálculos forma mais exatos,
E prediz, com leve erro, o grande achado.
Por convite do sábio, o ilustre Galle[1]
Em Berlim se encarrega de observá-lo;
E até no mesmo dia em que recebe
Tão honroso convite, o astro procura
Ver no céu, e o descobre com dif'rença,
Menor inda que um grau, do calculado.

III

---

[1]   Johann Gottfried Galle (1812-1910), astrônomo alemão que descobriu em 1846, com a ajuda de Urbain Le Verrier, o planeta Neptuno.

Deste pois astro errante, e que servira
De contra-prova, a mais frisante e bela,
Da lei segundo a qual as massas todas
Dos corpos entre si se ligam, prendem,
Chegámos todos três. Junto de um porto
De larga e franca entrada nós pousámos
E, deixando o balão, seguimos logo
P'ra a *Cidade dos Grandes Almirantes.*

    Um lindo palacete o amigo Dante
Possui na cidade, e lá reside
Nos meses em que vai passar o estio;
Na noite da chegada aí ficámos,
E depois de cear fomos nos leitos
Descansar de tão longa caminhada.

    Chega o dia seguinte, e dispusemo-nos
P'ra passear e ver o mais notável
Que na terra se encontra, mas primeiro
Nos 'stava preparado um bom almoço.
Na ocasião de pormo-nos à mesa,
Do poeta florentino uns dois amigos
Visita vêm fazer-nos; sem demora
O prazer de ajudar-nos aceitaram
Naquele bom serviço. Eram não menos
Que dois notáveis capitães distintos:
Um deles, ateniense, era Alcibíades;
Outro, patrício nosso, era Fernando
De Magalhães, o grande navegante.

IV

O primeiro já fora na sua pátria
Notável cidadão; do mestre Sócrates
Aprendera lições, mas seus talentos,
Seu juvenil ardor, o amor da glória,

E não menos da pândiga as delícias,
Uma vida esquisita lhe arranjaram.
    Rival de Nícias, fez quebrar as tréguas
Entre Atenas e 'Sparta; uma outra guerra
Moveu a ser também empreendida
Contra a Sicília, e teve então da esquadra
Dividido com dois, Nícias e Lamacho,
O comando geral. Mas, que ratice!
Na vésp'ra da partida andou de noite
Com mais alguns trocistas mutilando
As 'státuas de Mercúrio, e dos mistérios
Do Elêusis revelara as intrujices.
    Partiu porém, e capitão valente,
Grande cabo de guerra se mostrava
Nas costas da Sicília; eis se não quando,
Em processo metido, despachada
Parte a galera sacra, ordem levando
P'ra trazer Alcibíades a Atenas.
Mas o filho de Clínias bem sabia
O fim com que o chamavam; subtraiu-se
Co' a fuga à morte a que iam condená-lo.
Depois quando, julgado à revelia,
Informado ele foi de que lhe deram
A pena capital: *ah, sim, é isso?*
Disse o valente jovem; *convencê-los*
Cumpre-me agora de que vivo ainda,
E por seu grande mal exp'rimentá-lo
Há de Atenas ingrata, injusta e bárbara.
A 'Sparta a of'recer corro os seus serviços,
Que à rival grandes males, perdas muitas
Tiveram de custar por seu castigo.
    Mas foi vária a fortuna deste bravo,
Notável capitão da antiguidade;
Já próspera, já adversa era-lhe a sorte,

E até os atenienses receberam
Com pomposo triunfo esse Alcibíades
Que à morte já tiveram condenado!
Os reveses da vida, e inda outras coisas,
Fizeram que no exílio terminasse
Os dias, mas morrendo como um bravo
Com as armas na mão, forçando as chamas
Da casa que inimigos incendiaram,
E batendo-se só contra os malvados.
A Farnabaso[1], o sátrapa corrupto,
Que da hospitalidade pouco soube
Os deveres cumprir, tão grande mancha
A história perdoar inda não pôde.

V

Mais feliz que Alcibíades não fora
O nosso Magalhães. Fizera na Índia
E na África proezas e bravuras,
E uma conspiração de gente indígena
Contra os seus portugueses em Malaca
Malograr conseguiu. Mas, das intrigas
Da corte e camarilha sendo vítima
Quando ao reino voltou (desconsid'rado
Pelo monarca foi), com Rui Faleiro
A Espanha quis servir, e Carlos Quinto,
César do sacro império, aos seus talentos
Soube dar galardão. De cinco vasos
Equipados e prontos o comando
Lhe dera o imperador; sulcando o Atlântico,
E tendo em vários pontos 'stacionado
Da América do Sul, já para o inverno
Abrigado passar, já por diversos

---

[1] Ou Fernabazes, sátrapa da Pérsia que traiu Alcibíades.

Outros motivos, entra nesse estreito
Que o nome herdou do navegante ilustre.
Depois, dobrado o cabo da Vitória,
Ei-lo no Grande Oceano, e foi singrando
Durante meses três e dias vinte,
Té que aportou às ilhas Filipinas.
Bom gasalhado dera o povo indígena
Ao bravo Magalhães e à gente sua;
E Zebo, o rei da terra, até quisera
Receber o batismo. Mas em breve
Da vizinhança co'o feroz gentio
Em guerra se encontrou. Acabrunhado
Do malaio inimigo pelo número,
Nunca pelo valor, a vida perde,
Mas com honra e bravura de soldado
Tendo of'recido resistência heroica.

    Três navios restavam da esquadrilha;
Dos cinco um desertou, o outro perdera-se,
Antes já de singrar pelo Pacífico.
Nesses três vasos gente havia a bordo,
Mas foi prudente um deles dar às chamas,
Dividindo a equipagem por dois outros,
O *Trindade* e o *Vitória*. Então levantam
Âncora, a popa dando à roxa aurora;
Mas o *Trindade* fora aprisionado
Por gente portuguesa, o outro navio,
Que Sebastião del Cane comandava,
Pôde voltar à pátria pelo oriente.

    Pela primeira vez foi circundado
Nosso globo terrestre por marítimos,
Havendo-se gastado em tal viagem
Anos três e ainda uns bons catorze dias.

VI

Saímos de manhã p'ra ver a terra,
Acompanhados pelos dois amigos,
E depois de jantar, uma regata
Fomos não só gozar, vendo as porfias,
Mas do grande Péricles o sobrinho,
Tão brioso inda ali como em Atenas,
Quis ser dos contendores. Dar podemos
Parabéns ao notável Alcibíades;
Fora o seu escaler o mais ligeiro,
E a bandeira ganhou do desafio.
   Terminada a função, sendo já noite,
De Cristóvão Colombo no palácio
Havia grande festa; um sarau poético,
Entre outros mais recreios, lá se dava.
Ao genovês distinto apresentado
Fui pelo meu patrício, e noite bela
Lá passámos os três recém-chegados.
De entre as várias poesias que tiveram
A honra de ser *bisadas*, uma delas
Me agradou mais que as outras; das bravuras
De um navio pimpão era o elogio.

VII

O PIMPÃO

Não há na extensão das águas
Vaso mais bem equipado
Que o navio couraçado
P'ra a capital defender;
A maior 'squadra do mundo,

Sendo dela comandante
Nelson, o grande almirante,
Medo até pode meter.

Nem de Orlando à durindana,
De Astolfo à lança encantada (1),
Tal valentia foi dada
Como ao navio pimpão;
Ele só co'os pimponetes
Contra o mais bravo inimigo
Pode bem livrar de p'rigo
Ameaçada a nação.

Que venha a *Deusa dos Mares,*
Que venha a *Flor de Lisboa,*
Zombar de coisa tão boa,
Suas iras provocar;
Com balázios no costado
Serão vistas nesse instante
Do couraçado chibante
Severa lição levar.

E isto inda é por amizade;
Que se for coisa estrangeira,
De mais brilhante maneira
O negócio correrá.
Que tente, se é capaz disso,
Qualquer capitão famoso
A aventura, e portentoso
Caso raro se verá.

De Oberon co' a trompa ebúrnea
Um paladim façanhudo
Notável peça de entrudo

A um califa já pregou;
Mesmo à vista do monarca
Dois beijos vai dar na filha,
Toca a trompa, e maravilha
Inaudita se mostrou.

A força do encantamento
Faz singular contradança,
E até o Califa dança
Agarrado ao Grão-vizir;
Hugon, o estrangeiro amante,
Não deixa perder o tempo,
Antes de algum contratempo
Co' a bela deita a fugir (2).

Outro facto. O de Munchhausen
Barão, assaz conhecido,
De repente enriquecido
Por uma aposta se viu;
Tendo ao Sultão da Turquia
Muito ouro e prata ganhado,
Co' estes metais embarcado
De 'Stanbul logo saiu.

Porém retomar por força
O que perdera imprudente
Qu'rendo o Sultão, de repente
A sua esquadra mandou
Seguir logo sem demora,
Dando caça ao forasteiro,
Que todo, tanto dinheiro
Sem ceremónia levou (3).

Pouco depois tinha à vista
O barão a turca armada,
Mas com isso não se enfada
Que boa emenda lhe dá.
A um criado que trazia
Manda soprar contra aquela
Esquadra, e fragata bela
Que possa avançar não há.

Do nosso pimpão fatídica
E mais portentosa é a sorte;
Basta um sopro só, mas forte
No cano da porta-voz.
P'ra o mar largo repelidas
São logo as imigas frotas,
E vem o homem das botas
Opor-se à entrada da foz (4).

VIII

Naquela terra e noutras do planeta
Demorámo-nos inda muitos dias,
Gozando lindas viagens sobre os mares
Rios e lagos, de que está coberto
De Neptuno o grande orbe. Mas saudades
Eu tinha já de regressar à pátria,
A este globo terreste, e os meus amigos,
Por haver muita gente convidada,
Fizeram equipar um 'scafarmónio (5)
De lotação maior do que o primeiro.
No qual eu, Dante, Olímpia, os três doutores
Mais duas damas, e inda outro meu mestre,
Que esperado me haviam no satélite,
Aportámos de Jove à superfície.

Entre muitos, dif'rentes passageiros
Dos que na torna-viagem me quiseram
Acompanhar té ao planeta Vénus,
Para onde o 'scafarmónio tomou rumo,
Vinha Cortez, que conquistara o México,
Alcibíades, Nelson, Villaneuve,
Infeliz mas brioso comandante,
O prudente Gravina, Colingwood,
Magon, que de Algeciras era o chefe
Em Trafalgar, mostrou bravura imensa,
E com machado em punho rechaçara
Aquele general e a gente sua
A abordagem que dera o inglês Tyler
Ao navio francês. De imortal glória
O digno comandante se cobrira;
Mas do inimigo as balas projetadas
Por certeiro arcabuz a vida tiram
Àquele general, que tanto honrava
A marinha francesa (6). A mesma sorte
No combate naval, o mais sangrento
Que as marítimas águas suportaram,
Ao chefe vencedor, o bravo Nelson,
Veio a caber também (7). Estes e inda outros
Notáveis oficiais foram a Vénus
Viajar no barco harmónico.

IX

　　　　　Aportámos
Depois de algumas horas de caminho,
À cidade onde estava Edith Bellenden.
　　Dois dias de descanso nós tivemos
Antes da despedida. Então, chegado
O dia de esse adeus, a nobre dama

Para um jantar convida em seu palácio
Os forasteiros vindos de Neptuno,
E de Jove também os habitantes
Que estavam lá 'sperando o meu regresso.
    Principesca era a festa; ótimos vinhos
Viandas excelentes, e mais que isso
Escolhida era a honrosa companhia;
Mas no fim do banquete, e tendo todos
Os convivas passado p'ra outra sala,
Lá fui achar o álbum de retratos
Volumoso e já cheio. O ilustre Dante
Pega nele e me diz: – Vê se os conheces. –
Abro o livro, e um retrato logo vejo,
Tendo esta nota em baixo p'ra clareza:

De pano azul por linda casaquinha
Com botões amarelos enfeitada,
Do pai presente ad hoc, *a namorada*
Este achou que trocar bem lhe convinha.

Viro a folha, e deparo co' um retrato
De conhecido hipócrita; uma quadra
Revelava dest'arte o seu carácter:

Este velhaco e sonso na Católica,
Noiva rica p'ra obter, quis alistar-se;
Injusto sabe ser com muita manha,
E com seiscentos contos foi casar-se.

Folheei mais adiante, e vejo um súcio
Pondo a luneta em ar de mofa e riso;
Em baixo estava a quadra que o define:

Com reboques de tios e quejandos
Consegue um petimetre, um asno, um Cria,
Par'cer alguma cousa e, achando pouco,
A um camafeu em núpcias se vendia.

Mais noutra folha encontro a vera efígie
De um sujeito; eram cinco hendecassílabos
Indicadores de um carácter dele:

Se alguma vez este homem se descuida
E bebe de cerveja um copo mais,
Então, caso estupendo e pavoroso!
Arrebenta-lhe o ventre portentoso,
E sai de dentro Wronsky e outros que tais.

Basta, basta (digo eu, fechando o livro),
Ideia formo já do que ele encerra;
Com mais vagar porém vê-lo é preciso.
– Podes levá-lo, é teu (Dante me torna);
Por lembrança das viagens o conserva,
E se te faço assim este presente,
E para agradecer-lhe a estima e apreço
Em que sempre tiveste o meu *Inferno*. –

X

Chega a hora da partida; abraço amigos,
De todos me despeço, e de Alighieri
A capa novamente me seguro.
Então desprende o voo o ilustre Dante,
E do Cidral na fonte vem pousar-me.
    Qual do Ulisses ficara o amante filho
Do seu caro Mentor na despedida,
Tal fiquei eu, ao ver partir p'ra Júpiter

O vate florentino. Alguns momentos
Depois p'ra minha casa regressava
À vida do costume, e entre outras coisas
A compor um poema co' este título:
Viagens no sistema planetário.

Fim.

NOTAS AO CANTO DUODÉCIMO

(1)

Leia-se o *Orlando Furioso* de Ariosto, ou o *Ricardete*, poema no mesmo género por Nicolau Forteguerri.

(2)

Leia-se o *Oberon*, poema de Wieland. Em português há uma tradução por Filinto Elísio, e outra de só metade do poema por Alcipe (Marquesa de Alorna).

(3)

Leia-se a novela do autor Raspe intitulada *Aventuras do Barão de Münchhausen*.

(4)

A história do Santo-milagre de Santarém muitas vezes tem andado com a história do reino; e já neste século, no tempo da guerra da independência, veio prender com um dos factos mais importantes, e também com a mais curiosa aventura de que em Lisboa há memória.

Aludo nada menos que ao homem das bolas. E perdoem-me as senhoras beatas a irreverência aparente, que bem sabem não ser eu de motejar com as coisas sérias e santas. Mas o facto é que a história do Santo-milagre está ligada com a célebre história do homem das bolas.

Saiba pois o leitor contemporâneo, saiba a posteridade... que pela invasão de Massena, o grande paládio escalabitano foi mandado recolher a Lisboa, e aí se conservou alguns anos até muito depois da retirada dos franceses.

Passado todo o perigo de que o exército invasor roubasse – ou profanasse – que era o mais provável – a santa relíquia, começou a reclamá-la o senado e o povo santareno, e a mostrar muito pouca vontade de lha restituir o senado e o povo ulissiponense. Era uma questão dentre Alba e Roma que dava sério cuidado aos refletidos Numas da regência do Rossio.

Em poucas perplexidades tão graves se viu aquele pobre governo que tantas teve, e de quase todas se saiu mal.

Não assim desta, que a evitou com o mais inesperado e admirável estratagema, digno de ornar os maravilhosos fastos do grande Aaroun-el-Raschid, ou de qualquer outro príncipe de bom humor, desses poucos felizes que em felizes tempos reinaram a brincar, e zombaram com o seu povo, mas fazendo-o rir.

Pois, senhores, apertada se via a regência destes reinos com a restituição do Santo-milagre que era de justiça fazer-se a Santarém, mas que Lisboa recusava, e ameaçava impedir. Temia-se alboroto no povo.

Não sei de quem foi o alvitre, mas foi do maganão de bom gosto; e bom gosto teve também o governo em o aceitar e aproveitar. Para o dia em que o Santo-milagre devia sair do Lisboa Tejo acima, e que se esperava fosse com grande solenidade e pompa eclesiástica, – fez-se anunciar por cartazes que um fulano de tal passaria o rio, de Lisboa a Almada, em umas botas de cortiça nas quais se teria direito e inchuto, navegando a pé sem mais embarcação, vela nem remo.

A logração era gorda e grande; melhor e mais depressa foi engolida. No dia aprazado despovoou-se a capital, e uns em barcos, outros por navios, outros por essas praias abaixo, tudo se encheu de gente de todas as classes, e todos passaram o melhor do dia à espera do homem das botas.

No entanto, muito sorrateiramente embarcava o Santo-milagre no seu barco de água-arriba, e navegava com vento e maré para as ditosas ribeiras de Santarém.

Ninguém o viu sair, nem soube novas dele em Lisboa senão quando constou da sua chegada a Santarém, e das grandes festas que lhe fizeram aqueles saudosos e devotos povos ribatejanos.

Os Arouns-el-Raschids do Rossio riram de socapa: e nunca tão inocentemente se riu governo algum de ter enganado o povo.

VISCONDE DE A. GARRET, *Viagens na Minha Terra*, cap. 37.º

(5)

Palavra formada das raízes gregas σκαφή, *barca* e αρμονία, *harmonia*. Do mesmo modo formara Baiardo de ίππος, *cavalo* e γρύψ, *grifo*, o substantivo *hipogrifo*.

(6) e (7)

Veja-se em Thiers, na *História do Consolado e do império (Liv. XXII)*, a descrição da batalha de Trafalgar.

OBRAS DO MESMO AUTOR

ARTAXERXES, drama imitado de Metastásio, Coimbra, 1868.

THESES EX ADPLICATA MATHESI, Conimbricae, 1869.

DISSERTAÇÃO INAUGURAL, sobre o argumento: *Haverá vantagem, no ensino da mecânica racional, em subordinar as leis do equilíbrio dos corpos às do seu movimento?* Coimbra, 1869 (esgotada).

FLORES DE ESPINHOS, poesias e opúsculos literários, 2 volumes. Braga, 1871.

DETERMINAÇÃO DE FUNÇÕES ANALÍTICAS, estudos sobre análise infinitesimal. Coimbra, 1873.

OBRAS INÉDITAS

TEATRO LÍRICO, contendo as óperas cómicas: *Josefina – A peste de Florença – O sufrágio universal – Uma greve de dançantes – Por causa dos lazaristas.*

SATIRICON, coleção de sátiras, sonetos, epigramas e algumas odes anacreônticas (parte destas já saíram em jornais e num folheto em 1875).

Índice

N.º de página:

www.ingramcontent.com/pod-product-compliance
Lightning Source LLC
Chambersburg PA
CBHW030614220526
45463CB00004B/1292